职业教育工学结合一体化教学改革系列教材

西门子 S7-200 系列
自动化生产线编程与调试

主　编　卢静霞　熊邦宏

副主编　王俊良　张耀文

参　编　黄智亮　姜　光　李锦聪

U0240634

机械工业出版社

CHINA MACHINE PRESS

本书为"职业教育工学结合一体化教学改革系列教材"之一，是在开展企业调研，并结合职业教育特点，以实际自动化生产线为载体，提取典型工作任务的基础上编写完成的。书中的项目来源于企业实际生产过程，图文并茂，通俗易懂。

全书共分为 8 个项目，主要内容包括：西门子 S7-200 PLC 的认知；恒压供水系统的控制与调试；WinCC flexible 信号灯系统的控制；自动分拣系统的编程与调试；自动化生产线机械手的编程与调试；S7-200 PLC 主从站的通信与调试；灌装系统水位控制的编程与调试；自动分拣灌装生产线的综合编程与调试。

本书既可作为职业院校自动控制、机器人应用、电气工程等专业的教材，也可作为企业技术人员的参考与自学用书。

图书在版编目（CIP）数据

西门子 S7-200 系列自动化生产线编程与调试 / 卢静霞，熊邦宏主编 . —北京：机械工业出版社，2020.9（2025.1 重印）

职业教育工学结合一体化教学改革系列教材

ISBN 978-7-111-66159-7

Ⅰ . ①西⋯　Ⅱ . ①卢⋯ ②熊⋯　Ⅲ . ①自动生产线 – 职业教育 – 教材　Ⅳ . ① TP278

中国版本图书馆 CIP 数据核字（2020）第 132354 号

机械工业出版社（北京市百万庄大街 22 号　邮政编码 100037）

策划编辑：王晓洁　责任编辑：王晓洁　王振国

责任校对：李　杉　封面设计：严娅萍

责任印制：郜　敏

北京中科印刷有限公司印刷

2025 年 1 月第 1 版第 2 次印刷

184mm × 260mm・14 印张・349 千字

标准书号：ISBN 978-7-111-66159-7

定价：59.80 元

电话服务　　　　　　　　网络服务

客服电话：010-88361066　机 工 官 网：www.cmpbook.com

　　　　　010-88379833　机 工 官 博：weibo.com/cmp1952

　　　　　010-68326294　金 书 网：www.golden-book.com

封底无防伪标均为盗版　机工教育服务网：www.cmpedu.com

前 言 Preface

　　随着社会经济的不断发展，自动化生产线在现代工业中的应用越来越多，它可以通过气动、电动、液压、电动机、传感器和电气控制系统等设备的配合动作，达到整条生产线按照规定程序自动工作的目的，广泛应用在机械制造、电子信息、石油化工、轻工纺织、食品制药和汽车生产等领域。但是，目前职业院校缺乏内容较新、实用性较强的自动化生产线方面的教材，为此我们联合企业的技术专家编写了本书。

　　本书选择应用较广的西门子S7-200 PLC、西门子G110变频器、西门子TP177A触摸屏作为自动化系统的控制设备。本书以项目为教学主线，将知识和技能训练融于各个项目之中，各个项目按照知识点与技能要求循序渐进，内容深入浅出、通俗易懂；运用"行动导向""学做一体"组织模式，将自动化生产线可编程序控制系统涉及的知识目标、技能目标进行有效拆解，使其融于不同的任务设计中，旨在通过任务引领、任务实施、任务拓展、任务评价等环节完成任务目标，通过想一想、练一练、任务小结等方式实现知识点的迁移，达到举一反三、灵活应用的目的，既有利于教学，也有利于自学。

　　本书共有8个项目，分为5个部分，即PLC、变频器、触摸屏、自动化生产线和综合调试。在PLC部分（项目1），重点介绍S7-200的功能、S7-200的通信、S7-200的扩展模块、顺序控制指令的应用、常用功能指令的应用；在变频器部分（项目2），重点介绍变频器的通信方式、变频器的基本操作、变频器常见故障的处理；在触摸屏部分（项目3），重点介绍WinCC flexible软件的安装与使用、触摸屏的通信、触摸屏对PLC程序的监控；在自动化生产线部分（项目4、项目5），重点介绍送料模块、分拣模块、搬运机械手模块、翻转机械手模块的PLC编程控制；在综合调试部分（项目6~项目8），重点介绍两台S7-200 PLC主从站的通信、灌装系统水位控制的编程与调试、触摸屏控制自动化生产线的整机调试。

　　本书由卢静霞、熊邦宏任主编，王俊良、张耀文任副主编，黄智亮、姜光、李锦聪参加编写。其中，卢静霞编写了项目2、项目6，熊邦宏编写了项目1的任务1和任务2、项目8，王俊良编写了项目3，张耀文编写了项目4，黄智亮编写了项目5，姜光编写了项目7，李锦聪编写了项目1的任务3。全书由卢静霞统稿，广州市机电技师学院谢志坚主审。在本书编写过程中得到了广州因明智能科技有限公司的大力帮助，在此表示感谢。

　　由于编者水平所限，书中不足之处在所难免，恳请广大读者提出宝贵建议。

编　者

目 录 Contents

目
录
Contents

项目6　S7-200 PLC 主从站的通信与调试

项目7　灌装系统水位控制的编程与调试

项目8　自动分拣灌装生产线的综合编程与调试

附　录

参考文献

西门子 S7-200 PLC 的认知

1

项目描述

对西门子 S7-200 PLC 的认识是学习 PLC 编程的基础。了解 S7-200 系列 PLC 的功能、通信、扩展模块，以及 PLC 存储器的数据类型、寻址方式，对 S7-200 PLC 的编程尤为重要，特别是其在功能指令中的应用。只有正确区分 PLC 各数据类型不同的存储地址，才能确保在编程过程中避免重复寻址，从而保证程序的有效性和可行性。

任务1 西门子 S7-200 系列 PLC 的使用

任务引领

本任务主要介绍 S7-200 系列 PLC 产品和 S7-200 系列 PLC 的基本知识，包括 S7-200 PLC 的功能、通信、扩展模块等。通过完成 S7-200 PLC 226 外围设备的接线、联机、通信等任务的练习，达到本任务的学习目标。

学习目标

（1）了解西门子 SIMATIC 家族系列产品。

（2）了解西门子 S7-200 PLC 的功能。

（3）熟悉西门子 S7-200 PLC 的通信。

（4）了解西门子 S7-200 PLC 的扩展模块。

（5）正确、规范地对 S7-200 PLC 226 外围设备进行接线并调试。

建议学时： 4 学时。

内容结构：

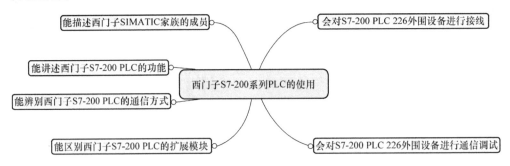

知识链接

一、西门子 SIMATIC 家族的认识

1. 西门子 S7 系列产品

SIMATIC 是西门子自动化系统系列产品品牌的统称，现有产品包括西门子 LOGO！、西门子 S7-200 系列 PLC、西门子 S7-300 系列 PLC、西门子 S7-400 系列 PLC。西门子 LOGO！有两个版本，即基本型 LOGO！和经济型 LOGO！，再加上各式各样的扩展模块可应用在小型控制器中，用 LOGO！替代继电器点数，广泛应用于路灯、自动门、烟控等小型设备上。西门子 S7-200 系列 PLC 是在一个小型 PLC 基础上改进而成的，具有性价比高、参数简单、采用文本显示向导的特点，用于中、小型自动化生产线。西门子 S7-300 系列 PLC 可用于中型控制器。西门子 S7-400 系列 PLC 可用于大型控制器，适用于机场、造纸厂等。西门子 S7 系列 PLC 产品如图 1-1 所示。

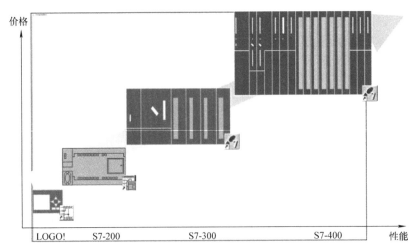

图 1-1　西门子 S7 系列 PLC 产品

S7-200 CN 家族与 SIMATIC S7-200 PLC 产品 100% 兼容，产品的外观、性能、功能、编程软件都相同。S7-200 CN 使用 STEP 7-Micro/WIN V4.0 SP3 作为编程软件，用户只需把系统语言设置为中文后即可对 CN 进行编程、上传及下载程序。与 SIMATIC S7-200 相比，S7-200 CN 家族的产品在价格上更有优势。S7-200 CN 产品只在中国销售和使用。

2. S7-200 CN 家族 CPU

S7-200 CN 家族产品共有 8 种 CPU（部分 CPU 的外形见图 1-2），它们分别是：CPU 222 CN，DC/DC/DC，8 输入 /6 输出；CPU 222 CN，AC/DC/ 继电器，8 输入 /6 输出；CPU 224 CN，DC/DC/DC，14 输入 /10 输出；CPU 224 CN，AC/DC/ 继电器，14 输入 /10 输出；CPU 224XP CN，DC/DC/DC，14 输入 /10 输出；CPU 224XP CN，AC/DC/ 继电器，14 输入 /10 输出；CPU 226 CN，DC/DC/DC，24 输入 /16 输出；CPU 226 CN，AC/DC/ 继电器，24 输入 /16 输出。

图 1-2　S7-200 CN 家族 CPU

二、西门子 S7-200 PLC 的功能

S7-200 PLC 在工业生产上应用非常广泛，可用于开关量控制、模拟量控制，具有逻辑、定时、计数、顺序、PID 控制、过程控制、运动控制、发送高速脉冲、计算机（PC）监控、数据采集和处理等功能，还可用 PLC 建立工业网络。S7-200 PLC 的重要功能如图 1-3 所示。

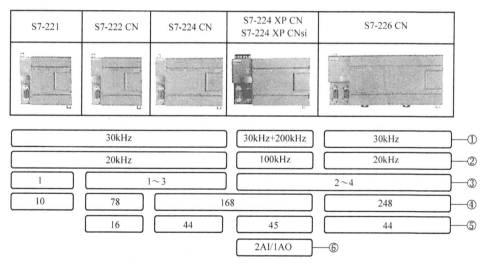

图 1-3　S7-200 PLC 的重要功能

①—高速计数器　②—脉冲输出　③—串行通信端口　④—最大 DI/DO　⑤—最大 AI/AO　⑥—CPU 本体集成功能

S7-221 PLC 的高速计数器可用于 30kHz 的高速脉冲计数，可输出 20kHz 的高速脉冲，有 1 个串行通信端口，最大的 DI/DO 点数为 10，无模拟量输入 / 输出功能。

S7-222 CN PLC 的高速计数器可用于 30kHz 的高速脉冲计数，可输出 20kHz 的高速脉冲，有 1 个串行通信端口，最大的 DI/DO 点数可扩展到 78 点，最大 AI/AO 可扩展到 16 点。

S7-224 CN PLC 的高速计数器可用于 30kHz 的高速脉冲计数，可输出 20kHz 的高速脉冲，有 1 个串行通信端口，最大的 DI/DO 点数可扩展到 168 点，最大 AI/AO 可扩展到 44 点。

S7-224 XP PLC 的高速计数器可用于 230kHz 的高速脉冲计数，可输出 100kHz 的高速脉冲，有 2 个串行通信端口，最大的 DI/DO 点数可扩展到 168 点，最大 AI/AO 可扩展到 45 点，并在本机上自带有 2AI/1AO，不用配置模拟量模块即可进行单回路的模拟量控制。

S7-226 CN PLC 的高速计数器可用于 30kHz 的高速脉冲计数，可输出 20kHz 的高速脉冲，有 2 个串行通信端口，最大的 DI/DO 点数可扩展到 248 点，最大 AI/AO 可扩展到 44 点。

三、西门子 S7-200 PLC 的通信

S7-200 PLC 具有强大而灵活的通信能力，它可实现 PPI 协议、MPI 协议、自由口通信，还可通过 PROFIBUS-DP 协议、AS-I 协议、Modem 通信 -PPI 或 Modbus 协议及 Ethernet 与其他设备进行通信。图 1-4 所示为 S7-200 PLC 可构建的通信网络。

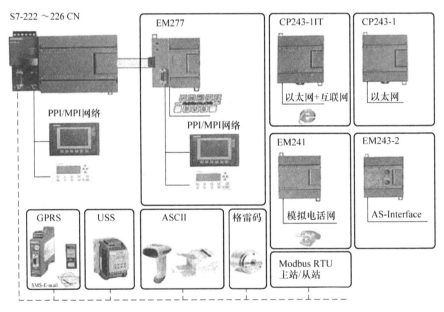

图 1-4　S7-200 PLC 可构建的通信网络

1. PPI 协议

PPI（Point to Point Interface）协议是点到点的主从协议，S7-200 PLC 既可作主站又可作从站，通信速率为 9.6kbit/s、19.2kbit/s 和 187.5kbit/s。

PPI 网络的扩展连接：每个网段有 32 个网络节点，长度为 50m（不用中继器），可通过中继器扩展网络，最多可有 9 个中继器；扩展后的网络可包含 127 个节点，可包含 32 个主站，网络总长为 9600m。PPI 网络的扩展连接如图 1-5 所示。

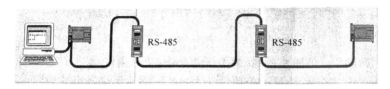

图 1-5 PPI 网络的扩展连接

PC 与 PLC 可通过 PPI 电缆进行连接，如图 1-6 所示。

2. USS 协议

USS（通用串行通信接口）协议专门用于驱动控制，用来驱动变频器，从而控制三相交流电动机的起动、运行及调速，如图 1-7 所示。

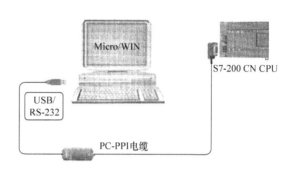

图 1-6 PC 与 PLC 的连接

USS 协议是西门子公司专门为驱动装置开发的通信协议。USS 协议因其协议简单、硬件要求较低，越来越多地用于和 PLC 的通信，实现一般水平的通信控制。由于其本身的设计，USS 不能用在对通信速率和数据传输量有较高要求的场合，应当选择实时性更好的通信方式，如 PROFIBUS-DP 等。S7-200 PLC 上的通信口在自由口模式下，可以支持 USS 协议，这是因为 S7-200 PLC 自由口模式的字符传输格式可以定义为 USS 通信对象所需要的模式。S7-200 PLC 提供 USS 协议库指令，用户使用这些指令可以很方便地实现对变频器的控制。

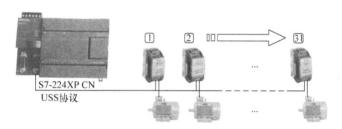

图 1-7 用于驱动控制的 USS 协议

USS 协议的工作机制是通信总是由主站发起，USS 主站不断循环轮询各个从站，从站根据收到的指令决定是否响应以及如何响应，从站永远不会主动发送数据。

USS 协议的基本特点如下：

1）支持多点通信，可以应用在 RS-485 等网络上。

2）采用单主站的主 / 从访问机制。

3）一个网络上最多可以有 32 个节点，即最多有 31 个从站。

4）简单可靠的报文格式，使数据传输灵活高效。

5）容易实现，成本较低。

PLC 与驱动装置连接配合，实现的主要任务如下：

1）控制驱动装置的起动、停止等运行状态。

2）控制驱动装置的转速等参数。

3）获取驱动装置的状态和参数。

3. MPI 协议

MPI（Multi-Point Interface，多点通信）协议是 S7 系列产品之间的一种专用通信协议。MPI 协议可以是主 / 主连接的协议，也可以是主 / 从连接的协议，协议如何操作依赖于通信设备的类型。如果是 S7-300/400 PLC 之间的通信，那就建立主 / 主连接，因为所有的 S7-300/400 PLC 在网站中都是主站；如果设备是一个主站与 S7-200 PLC 通信，那么就建立主 / 从连接，因为 S7-200 PLC 在 MPI 网络中只能作为从站。

MPI 协议可用于 S7-300 与 S7-200 之间的通信，也可用于 S7-400 与 S7-200 之间的通信，通信速率为 19.2kbit/s 和 187.5kbit/s。

4. 自由口通信

自由口通信模式（Freeport Mode）是 S7-200 PLC 的一个很有特色的功能，借助于自由口通信可以通过用户程序对通信口进行操作，自己定义通信协议（如 ASCII 协议）。自由口通信方式下 S7-200 PLC 可以与任何通信协议已知且具有串口的智能设备和控制器进行通信，也可以实现两个 PLC 之间的简单数据交换。

当连接的智能设备具有 RS-485 接口时，可以通过双绞线进行连接。当连接的智能设备具有 RS-232 接口时，可以通过 PC/PPI 电缆连接起来进行自由口通信。

自由口通信速率为 1.2 ~ 9.6kbit/s、19.2kbit/s 和 115.2kbit/s，用户可使用自定义的通信协议与所用的智能设备进行通信。

四、S7-200 PLC 的扩展模块

1. 扩展模块

S7-200 PLC 的扩展模块包含 I/O 扩展模块、通信模块和功能模块等。

（1）I/O 扩展模块

数字量 I/O 模块：EM221、EM222 和 EM223。

模拟量 I/O 模块：EM231、EM232 和 EM235。

（2）通信模块

EM277：PROFIBUS-DP/MPI 通信模块。

EM241：模拟音频调制解调器（Modem）模块。

CP243-1：以太网模块。

CP243-1IT：带因特网功能的以太网模块。

CP243-2：AS-Interface（执行器 - 传感器接口）主站模块。

MD720：GPRS 通信模块。

（3）功能模块

EM：定位模块。

SIWAREW MS：称重模块。

2. 影响 S7-200 PLC 最大 I/O 能力的因素

影响 S7-200 PLC 最大 I/O 能力的因素有以下三个：

1）S7-200 CPU 的电源设计和电源耗能计算。

2）最大 I/O 的扩展能力。

3）特殊模块的最大连接个数。

1. 在 S7-200 PLC 中，S7-224 CN、S7-224XP CN、S7-226 CN 在功能上有何区别？ XP、CN 代表什么意思？

2. 在 S7-200 系列 PLC 中，S7-224 CN、S7-226 CN 通常采用什么通信方式？

任务描述

图 1-8 为 S7-200 PLC 226 的参考接线图，以学生小组为单位根据接线图完成 PLC 接线，并自主编写一个控制电动机起动、保持、停止的运行程序，下载到 PLC 主机中调试运行。

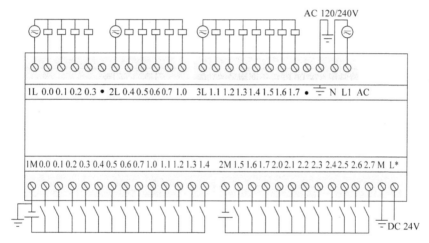

图 1-8　S7-200 PLC 226 的参考接线图

任务实施

完成 S7-200 PLC 226 的接线，并下载程序联机调试。

步骤 1： 根据图 1-8 完成表 1-1 中 PLC 相关数据的填写。

表 1-1　S7-200 PLC 的参数配置

序号	项　目	参数	备注
1	PLC 的型号		
2	PLC 输出形式		
3	PLC 输入端点数		
4	PLC 输出端点数		
5	PLC 工作电源的电压		
6	通信方式		
7	使用其他模块（扩展单元、模块）的数量		

注：要求填写数量时请写具体数量，没有的则写"无"。

步骤 2：根据接线图，连接 S7-200 PLC 226 控制器的实物。

步骤 3：编写简单程序并联机调试。

控制要求：按下起动按钮，电动机运行；按下停止按钮，电动机停止运行。

步骤 4：学生展示汇报。

1）以小组为单位进行汇报，用 PLC 主机演示自主编写的程序。

2）各小组进行工作岗位的"6S"（整理、整顿、清扫、清洁、安全、素养）管理。小组完成任务后，按照"6S"标准检查工作岗位；归还所借的工（量）具和实习工件。

任务评价

根据任务完成情况，各小组成员进行自我评价，由学生小组组长实施小组评价，最后由教师进行综合评价，并填入表 1-2 中。

表 1-2　学习任务评价

班级			姓名		学号		日期	年 月 日
学习任务名称：								
自我评价	1	是否能分清常用 S7-200 PLC 不同型号的功能		□是　□否				
	2	是否能根据常用 S7-200 PLC 主机确定通信方式		□是　□否				
	3	是否知道常用 S7-200 PLC 扩展模块的功能		□是　□否				
	你在完成任务的时候，遇到了哪些问题？你是如何解决的？							
小组评价	1	在小组讨论中能积极发言		□优　□良　□中　□差				
	2	能积极配合小组成员完成工作任务		□优　□良　□中　□差				
	3	在查找资料信息中的表现		□优　□良　□中　□差				
	4	能够清晰表达自己的观点		□优　□良　□中　□差				
	5	安全意识与规范意识		□优　□良　□中　□差				
	6	遵守课堂纪律		□优　□良　□中　□差				
	7	积极参与汇报展示		□优　□良　□中　□差				
教师评价	综合评价等级： 评语：							
				教师签名：　　　　　　　年　月　日				

任务拓展

查阅资料，写出 S7-224 CN PLC 的输入、输出点数和输入电压。

画出西门子 S7-224 CN PLC 输入、输出点的接线图，并正确接线。

◖ 任务小结 ◗

通过本次任务，认识西门子 S7-200 PLC 系列产品，重点关注 S7-200 PLC 系列产品的结构、功能、通信方式等方面的知识。各小组根据其他小组演示情况，相互进行评价，找出存在的问题，思考解决问题的方法。

◖ 课后练习 ◗

1. 查阅有关书籍，能举例说明常用不同进制数的表示方法。
2. 写出 S7-200 PLC 存储器的数据类型。

任务 2　西门子 S7-200 PLC 存储器的数据类型

👉 任务引领

西门子 S7-200 PLC 中的存储器是由许多存储单元组成的，每个存储单元的地址也都是唯一的，可以根据存储器地址来存取数据。数据区存储器地址的表示方式有位、字节、字、双字等。

🥕 学习目标

（1）掌握不同进制数的表示方法。
（2）掌握 S7-200 CPU 存储区的组成。
（3）理解 S7-200 存储器的数据类型。
（4）掌握不同进制数之间的转换方法。

建议学时：4 学时。

内容结构：

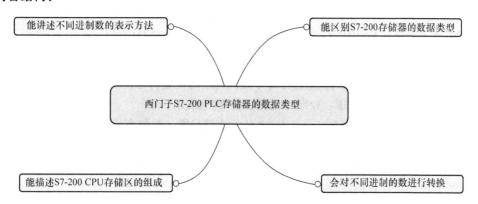

知识链接

一、数制

1. 二进制数

二进制数的 1 位（bit）只有 0 和 1 两种取值，表示开关量（或称为数字量）的两种状态，如触点的断开和接通、线圈的通电和断电等。如果该位为 1，则表示梯形图中对应的编程元件的线圈"通电"，其常开触点接通，常闭触点断开；如果该位为 0，则表示梯形图中对应的编程元件的线圈"失电"，其常开触点断开，常闭触点接通。二进制数常用 2# 表示，如 2#1111-0110-1000-1011 是一个 16 位的二进制数。

2. 十六进制数

十六进制数的 16 个数由 0 ~ 9 这 10 个数字以及 A（表示 10）、B（表示 11）、C（表示 12）、D（表示 13）、E（表示 14）和 F（表示 15）这 6 个字母构成。其运算规则为逢十六进一。在 SIMATIC 中，B#16#、W#16#、DW#16# 分别用来表示十六进制字节、十六制字和十六进制双字常数，例如 W#1B3F。

3. BCD 码

BCD 码是将一个十进制数的每一位都用 4 位二进制数表示，即 0 ~ 9 分别用 0000 ~ 1001 表示，而剩余 6 种组合（1010 ~ 1111）则没有在 BCD 码中使用。

BCD 码的最高 4 位二进制数用来表示符号，16 位 BCD 码（3 位十进制数）字的范围为 −999 ~ 999，32 位 BCD 码（7 位十进制数）双字的范围为 −9999999 ~ 9999999。

十进制数可以方便地转换为 BCD 码，例如十进制数 235 对应的 BCD 码为 0000001000110101。

二、基本数据类型

基本数据类型有很多种，用于定义不超过 32 位的数据，每种数据类型在分配存储空间时有确定的位数，如布尔型（BOOL）数据为 1 位，字节型（BYTE）数据为 8 位，字（WORD）数据为 16 位，双字（DWORD）数据为 32 位。

1. 位数据类型

位数据的值 1 和 0 常用英语单词 TRUE（真）和 FALSE（假）来表示。8 位二进制数（BOOL）组成一个字节（BYTE），其中第 0 位为最低位（LSB），第 7 位为最高位（MSB）。两个字节组成一个字（WORD），两个字组成一个双字（DWORD）。

2. 算术数据类型

整数（INT 或 Integer）是 16 位的有符号数，其最高位是符号位，最高位为 0 表示正，为 1 表示负。其取值范围为 −32768 ~ 32767。负数用补码来表示。

双整数（DINT 或 Double Integer）是 32 位的有符号数，其最高位是符号位，最高位为 0 表示正，为 1 表示负，和 16 位整数一样可以用于整数运算。

32 位浮点数又称为实数（Real），例如模拟量的输入和输出值都是浮点数。用浮点数处理这些数据需要进行浮点数和整数之间的转换。

基本数据类型见表 1-3。

表 1-3　基本数据类型

数据类型	位数	格式选择	说明
布尔（BOOL）	1	布尔量	位 范围：是或非；1，0
字节（BYTE）	8	十六进制	范围：B#16#00 ~ B#16#FF
字（WORD）	16	二进制	2#0 ~ 2#1111111111111111
		十六进制	W#16#0 ~ W#16#FFFF
		BCD 码	C#0 ~ C#999
		无符号十进制数	B#（0，0）~ B#（255，255）
双字（DWORD）	32	二进制	范围：2#0 ~ 2#11111111111111111111111111111111
		十六进制	DW#16#00000000 ~ DW#16#FFFFFFFF
		无符号十进制数	B#（0，0，0，0）~ B#（255，255，255，255）
字符（CHAR）	8	字符	任何可打印的字符（ASCII 码大于 31），除去 DEL 和"
整数（INT）	16	有符号十进制数	范围：−32768 ~ 32767
双整数（DINT）	32	有符号十进制数	范围：L#−2147483648 ~ L#2147483647
实数（REAL）	32	IEEE 浮点数	正数范围：1.175495E−38 ~ 3.402823E+38 负数范围：−3.402823E+38 ~ −1.175495E−38
时间（TIME）	32	IEC 时间，精度 1ms	T#−24D_20H_31M_23S_648MS ~ T#24D_20H_31M_23S_647MS
日期（DATE）	32	IEC 时间，精度 1 天	D#1990_1_1 ~ D#2168_12_31
每天时间 TOD（TIME-OF-DAY）	32	每天时间，精度 1ms	TOD#0：0：0.0 ~ TOD#23：59：59.999 小时（0 ~ 23），分（0 ~ 59），秒（0 ~ 59），毫秒（0 ~ 999）
系统时间 S5TIME	16	S5T 时间，时间基准为 10ms（默认）	S5T#0H_0M_0S_10MS ~ S5T#2H_46M_30S_0MS

三、S7-200 存储器的数据类型

在 S7-200 系列 PLC 中，是以不同的数据类型来保存和处理数据的，包括布尔型、整型、实型（浮点数）。为了理解 PLC 如何处理用户程序，需要先了解位、字节、字、双字等数据类型，如图 1-9 和表 1-4 所示。

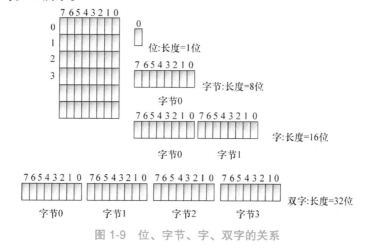

图 1-9　位、字节、字、双字的关系

表 1-4　存储器的数据类型

数据格式	含义	数据长度 / 位	数据类型	取值范围
BOOL	位	1	布尔量	真 1；假 0
BYTE	字节	8	无符号整数	0 ~ 255
INT	整数	16	有符号整数	−32768 ~ 32767
WORD	字	16	无符号整数	0 ~ 65535
DINT	双整数	32	有符号整数	−2147483648 ~ 2147483647
DWORD	双字	32	无符号整数	0 ~ 4294967295
REAL	实数	32	IEEE32 位单精度浮点数	−3.402823E+38 ~ −1.175495E−38 1.175495E−38 ~ 3.402823E+38
ASCII		8	字符列表	ASCII 字符
STRING	字符串	8	字符串	1 ~ 254 个 ASCII 字符

1. 位

位是二进制数位或二进制字符单元，也是最小的信息单元，信号状态只能为 "0" 或 "1"，多位可以组成一个较大的单元，可用 "I0.0" 和 "Q0.0" 表示。位的含义如图 1-10 所示。

数据区存储器区域的某一位的地址格式（位地址格式）由存储器区域标识符、字节地址和位号组成，如 I5.6 表示输入映像寄存器中的一位地址，I 是输入映像寄存器的标识符。

2. 字节

一个字节包括 8 位，8 路输入 / 输出信号组成一个字节。例如：用来显示一个 2 位的数字，可用 "IB0" "QB0" "VB0" 表示。字节的组成如图 1-11 所示。

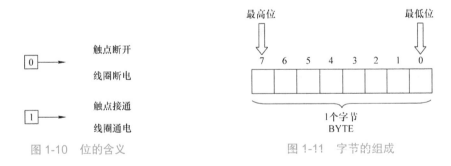

图 1-10　位的含义　　　　　　　　　　图 1-11　字节的组成

3. 字

字由两个字节或 16 位组成，16 路输入 / 输出信号组成一个字。例如：用来显示一个 4 位的数字，可用 "IW0" "QW0" "VW0" 表示。字的组成如图 1-12 所示。

4. 双字

双字由两个字或 4 个字节（32 位）组成。双字是 PLC 可以处理的最大单元，可用 "ID0" "QD0" "VD0" 表示。双字的组成如图 1-13 所示。

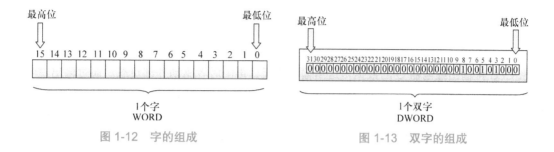

图 1-12　字的组成　　　　　　　　　　图 1-13　双字的组成

四、CPU 的存储区

S7-200 CPU 的存储区包括 3 个基本区域，即工作存储区、装载存储区和系统存储区。

1. 工作存储区

工作存储区是集成的高速存取存储器（RAM），用于存储 CPU 运行时的用户程序和数据。为保证程序执行的快速性和不过多地占用工作存储区，只有与程序执行有关的块才被装入工作存储区。

复位 CPU 的存储区时，RAM 中的程序被清除，Flash EPROM 中的程序不会被清除。

2. 装载存储区

装载存储区可以使用 RAM 或 Flash EPROM，用于存储用户程序和系统数据（组态、连接和模块参数等），但不包括符号地址赋值和注释。部分 CPU 有集成的装载存储器，有的需要用 MMC（多媒体存储卡，一种外存储器）来扩展。CPU 31xC 的用户程序只能装入插入式的 MMC 中。断电时数据保存在 MMC 中，因此数据块中的内容基本上被永久保留。

下载程序时，用户程序被下载到 CPU 的装载存储区中，CPU 把可执行部分复制到工作存储区中，符号表和注释保存在编程设备中。

3. 系统存储区

系统存储区还提供临时存储区，用来存储程序块被调用的临时数据。访问局域数据比访问数据块中的数据更快。用户生成块时，可以声明临时变量，它们只在执行该块时有效，执行完后就被覆盖了。

在 PLC 存储区中，分有不同的区域，由于系统赋予的功能不同，因此构成了各种内部器件，如输入继电器 I（又称为过程映像输入区或输入映像寄存器）和输出继电器 Q（又称为过程映像输出区或输出映像寄存器）。还有定时器 T、计数器 C 和位存储器 M（又称为中间继电器）等，都有对应的存储区。

在程序循环执行的过程中，CPU 不直接访问输入模板的输入端子和输出模板的输出端子，而是访问 CPU 内部的输入继电器和输出继电器。

（1）输入继电器 I　输入继电器 I 的每一位对应一个数字量输入模板的输入点，在每个扫描周期开始，CPU 对输入点采样，并将采样值存入输入继电器中。CPU 在本扫描周期中不改变输入继电器，要到下一个扫描周期输入处理扫描阶段才进行更新。

输入继电器 I 的作用是接收来自现场的控制按钮、行程开关及各种传感器等的输入信号。

通过输入继电器 I，使 PLC 的存储系统与外部输入端子（输入点）建立起明确对应的连接关系，它的每 1 位对应 1 个数字量输入模板的输入端子。输入继电器的状态（"1"或者"0"）是在每个扫描周期的输入采样阶段接收到由现场送来的输入信号的状态（接通或断开）。

（2）输出继电器 Q　输出继电器 Q 的每一位对应一个数字量模板的输出点，在扫描周期的末尾，CPU 将输出继电器 Q 的数据传送给输出模板，再由后者驱动外部负载。通过输出继电器，使 PLC 的存储系统与外部输出端子（输出点）建立起明确对应的连接关系。输出继电器仅有一个实际的常开触点与输出接线端子相连，用来接通负载，这个常开触点可以是有触点的（继电器输出型），也可以是无触点的（晶体管输出型或双向晶闸管输出型）。实际可使用的输出继电器的数量取决于 CPU 模板的型号及数字量输出模板的配置。

（3）位存储器 M　位存储器 M 用来保存控制继电器的中间操作状态或其他控制信息。

在逻辑运算中，经常需要一些辅助继电器，其功能与传统的继电器控制电路中的中间电器相同。辅助继电器与外部没有任何联系，不可能直接驱动任何负载，每个辅助继电器对应着位存储区的每一个基本单元，它可以由所有编程元件的触点（当然包括它自己的触点）来驱动。它的状态同样可以无限制地使用，借助于辅助继电器的编程，可使输入输出之间建立复杂的逻辑关系和联锁关系。

（4）变量存储区 V　变量（variable）存储区用来在程序执行过程中存放中间结果，或者用来保存与工序或任务有关的其他数据。

（5）定时器存储区 T　定时器相当于继电器控制系统中的时间继电器。S7-200 有三种定时器，它们的时间基准分别为 1ms、10ms、100ms。定时器的当前值为 16 位有符号整数，用于存储定时器累计的时间基准值（1～32767）。

定时器位用来描述定时器的延时动作触点的状态：定时器位为 1 时，梯形图中对应的定时器的常开触点闭合，常闭触点断开；为 0 时，则触点的状态相反。

接通延时定时器的当前值大于或等于设定值时，计时器位被置为 1；其线圈断电时，计时器位被复位为 0。用定时器地址（由 T 和定时器号组成，例如 T5）来存取当前值和定时器位，带位操作数的指令存取定时器位，带字操作数的指令存取当前值。

（6）计数器存储区 C　计数器用来累计其计数输入脉冲电平由低到高的次数，CPU 提供加计数器、减计数器和加减计数器。计数器的当前值为 16 位有符号整数，用来存放累计的脉冲数（1～32767）。当加计数器的当前值大于或等于设定值时，计数器位被置 1。用计数地址（由 C 和计数器号组成，例如 C20）来存取当前值和计数器位，带位操作数的指令存取计数器位，带字操作数的指令存取当前值。

（7）模拟量输入 AI　S7-200 将现实世界连续变化的模拟量（例如温度、压力、电流、电压等）用 A/D 转换器转换为一个字长（16 位）的数字量，用区域标识符 AI、数据长度 W 和起始字节的地址来表示模拟量输入的地址。因为模拟量输入是一个字长，应从偶数字节地址开始存放，例如 AIW2、AIW4 等。模拟量输入值为只读数据。

（8）模拟量输出 AQ　S7-200 将一个字长的数字用 D/A 转换器转换为现实世界的模拟量，用区域标识符 AQ、数据长度 W 和字节的起始地址来表示存储模拟量输出的地址。因为模拟量输出是一个字长，所以应从偶数字节地址开始存放，例如 AQW2、AQW4 等。模拟量输出值是只写数据，用户不能读取模拟量输出值。

（9）顺序控制继电器 S　顺序控制继电器用于组织设备的顺序操作，与顺序控制继电器指令配合使用。

 想一想　S7-200 系列 PLC 存储区的功能是什么？其标识符又分别是什么？

✏ 任务描述

本次任务利用二进制、十进制、十六进制（不同进制）对数字进行正确表示，并完成二进制、十进制、十六进制、BCD 码之间的转换。

☝ 任务实施

一、不同进制数的表示方法

步骤 1：十进制数的表示方法。

十进制数 335，可以表示成 $(335)_{10}$，或者表示成 335D，一般表示成 335。

步骤 2：二进制数的表示方法。

二进制数 10110011，可以表示成 $(10110011)_2$，或者表示成 10110011B。

步骤 3：十六进制数的表示方法。

十六进制数 4AC8，可以表示成 $(4AC8)_{16}$，或者表示成 4AC8H。

二、不同进制数之间的转换

步骤 1：将 $(1001)_2$ 转换为十进制数。

$$(1001)_2 = 1 \times 2^3 + 0 \times 2^2 + 0 \times 2^1 + 1 \times 2^0 = 8 + 0 + 0 + 1 = 9$$

上式可以简写成

$$(1001)_2 = 1 \times 2^3 + 1 \times 2^0 = 8 + 1 = 9$$

步骤 2：将 $(38A)_{16}$ 转换为十进制数。

$$(38A)_{16} = 3 \times 16^2 + 8 \times 16^1 + 10 \times 16^0 = 768 + 128 + 10 = 906$$

步骤 3：将二进制数 $(111010110)_2$ 转换为十六进制数。4 位二进制数与 1 位十六进制数的对照见表 1-5。

根据表 1-5 中二进制数与十六进制数之间的对应关系可知：

$$(111010110)_2 = (1D6)_{16}$$

步骤 4：将十六进制数 $(4AF)_{16}$ 转换成二进制数。

4	A	F
0100	1010	1111

$$(4AF)_{16} = (10010101111)_2$$

表 1-5　4 位二进制数与 1 位十六进制数的对照

二进制	十六进制	二进制	十六进制
0000	0	1000	8
0001	1	1001	9
0010	2	1010	A
0011	3	1011	B
0100	4	1100	C
0101	5	1101	D
0110	6	1110	E
0111	7	1111	F

步骤 5：将十进制数 87 转换为 8421BCD 码。8421BCD 码与十进制数的对照见表 1-6。

表 1-6　8421BCD 码与十进制数的对照

十进制数	8421BCD 码	十进制数	8421BCD 码
0	0000	5	0101
1	0001	6	0110
2	0010	7	0111
3	0011	8	1000
4	0100	9	1001

$$87 = (1000\ 0111)BCD$$

步骤 6：将 8421BCD 码转换成十进制数。

$$(0110\ 1001)BCD = 69$$

说明：BCD 码与二进制数之间的转换不是直接进行的，BCD 码首先转换为十进制数，然后再由十进制数转换为二进制数；反之，将二进制数首先转换为十进制数，再由十进制数转换为 BCD 码。

三、结果汇报

1）各小组派代表进行数制之间的转换演示，接受全体同学的检查。

2）各小组进行工作岗位的"6S"（整理、整顿、清扫、清洁、安全、素养）管理。小组完成任务后，按照"6S"标准检查工作岗位；归还所借的工（量）具和实习工件。

任务评价

通过以上学习，根据任务实施过程，将完成任务情况记入表 1-7 中，完成任务评价。

表 1-7 学习任务评价

班级		姓名		学号		日期	年 月 日
学习任务名称：							
自我评价	1	是否掌握不同进制数的表示方法		□是	□否		
	2	是否知道存储区的组成部分		□是	□否		
	3	是否理解存储器的数据类型		□是	□否		
	4	是否会不同进制数之间的转换		□是	□否		
	你在完成任务的时候，遇到了哪些问题？你是如何解决的？						
小组评价	1	在小组讨论中能积极发言		□优	□良	□中	□差
	2	能积极配合小组成员完成工作任务		□优	□良	□中	□差
	3	在查找资料信息中的表现		□优	□良	□中	□差
	4	能够清晰表达自己的观点		□优	□良	□中	□差
	5	安全意识与规范意识		□优	□良	□中	□差
	6	遵守课堂纪律		□优	□良	□中	□差
	7	积极参与汇报展示		□优	□良	□中	□差
教师评价	综合评价等级：						
	评语：						
				教师签名：		年 月 日	

任务拓展

1. 写出 16#AE75 的二进制、十进制、BCD 码形式。
2. 请将（1110 1011）BCD 转换成十进制、二进制形式。

任务小结

S7-200 存储器的数据类型是本次学习内容的重点，通过对数据类型的应用，正确认识位、字节、字、双字。不同进制数的表示方法和不同进制数之间的转换是后续学习内容的基础，应加以理解。

? 想一想

1. BCD 码与 8421 码的区别是什么？
2. 将十进制数 1234 转换成 BCD 码和 8421 码，应如何表示？

课后练习

1. 写出 4 位二进制数与 1 位十六进制数的对照表、8421BCD 码与十进制数的对照表。
2. 将十进制数 234 转换成二进制数、十六进制数及 BCD 码。

任务 3　流水灯的传送指令控制与调试

任务引领

S7-200 PLC 根据存储器的编程过程，把数据存储在不同的存储单元，通过每个单元的地址进行数据访问，访问数据的过程称为"寻址"。根据访问数据存取的方式不同，可分为直接寻址和间接寻址。直接寻址就是明确存储器的区域、长度和位置，直接使用存储器的名称和地址编号进行数据交换，使用户程序直接存取这些数据。直接寻址包括位寻址、字节寻址、字寻址、双字寻址等方式。结合寻址方式，应用传送指令完成流水灯控制的编程与调试。

学习目标

（1）了解存储器各数据类型的存取方式。
（2）掌握直接寻址的四种方式。
（3）理解位、字节、字、双字之间的关系。
（4）会用传送指令编写流水灯的控制程序并进行调试。
建议学时：4 学时。
内容结构：

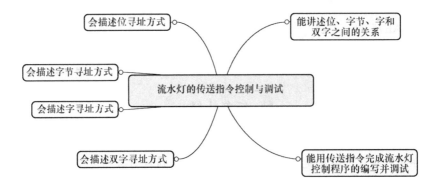

知识链接

一、S7-200 CPU 存储器的寻址方式

S7-200 CPU 的寻址方式有直接寻址和间接寻址两大类。直接寻址是指在指令中直接给出要访问的存储器或寄存器的名称和地址编号，直接存取数据；间接寻址是指使用地址指针间接给出要访问的存储器或寄存器地址。

存储器的最小组成部分是位（bit），可存放一个二进制状态（"1"或"0"）。位与字节、字以及双字的关系如下：

8 位（bit）=1 个字节（Byte，简写为 B）

16 位（bit）=2 个字节 =1 个字（Word，简写为 W）

32 位（bit）=4 个字节 =2 个字 =1 个双字（Double Word，简写为 D）

S7-200 的主标识符有 I（输入映像寄存器）、Q（输出映像寄存器）、M（位存储器）、T（定时器）、C（计数器）等，辅助标识符有 X（位）、B（字节）、W（字）、D（双字）。

在学习 S7-200 编程的过程中，掌握字与字节、字和双字的关系及其结构组成是很关键的。下面将逐一介绍直接寻址（定时器和计数器除外）的四种形式。

1. 位寻址

位寻址是最小存储单元的寻址方式，是对存储器中的某一位进行读写访问，寻址时采用以下结构：存储区标识符 + 字节地址 + 位地址。I3.2 的位寻址如图 1-14 所示。

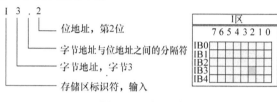

图 1-14　位寻址

2. 字节寻址

字节寻址时，访问一个 8 位的存储区域，寻址时采用以下结构：存储区标识符 + 字节地址。IB3 的字节寻址如图 1-15 所示。

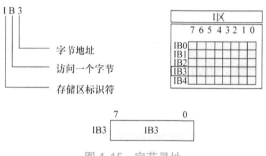

图 1-15　字节寻址

3. 字寻址

字寻址时，访问一个 16 位的存储区域（包含两个字节），寻址时采用以下结构：存储区标识符 + 数值小的字节的地址。VW2 的字寻址如图 1-16 所示。

对于字寻址时字结构的理解，需要注意以下两点：

1）字中包含两个字节，但在表达时只指明其中数值小的那个字节的字节地址。例如 VW2 包括 VB2 和 VB3 两个字节，而不是 VB1 和 VB2 两个字节。

2）VW2 中，VB2 是高 8 位字节，VB3 是低 8 位字节。

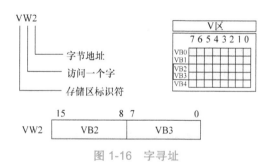

图 1-16　字寻址

4. 双字寻址

双字寻址时，访问一个 32 位的存储区域（包含 4 个字节），寻址时采用以下结构：存储区标识符 + 第一字节地址。MD0 的双字寻址如图 1-17 所示。

双字的结构与字的结构相类似，理解

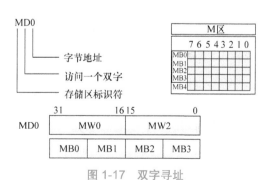

图 1-17　双字寻址

时可参考对字的理解。双字访问的是 32 位存储区域，占 4 个字节。MD0 包括 MB0、MB1、MB2、MB3 这 4 个字节，其中 MB0 为最高字节，MB3 为最低字节。MB0 最高的位地址为 M0.7，最低位的位地址为 M3.0。

注意：在访问存储区时，尽量避免地址重叠情况的发生。例如 MW5 与 MW6 都包含 MB6，因此使用字寻址时尽量使用偶数，双字寻址时可采用 4 的倍数寻址，例如 MD0、MD4、MD8、MD12 等。

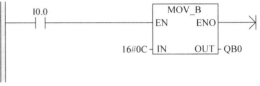

图 1-18　字节传送指令

二、传送指令

传送指令按传送数据的类型可分为字节传送、字传送、双字传送等。

1）字节传送指令如图 1-18 所示。

2）字传送指令如图 1-19 所示。

3）双字传送指令如图 1-20 所示。

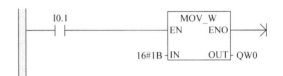

图 1-19　字传送指令

> **？ 想一想**
> 　　1. MB0、IW5、IB0、Q4.3、MW2、MD4 分别以什么方式进行寻址？
> 　　2. Q4.3、MB0、IW5、MD4 中每一个字母和数字代表的意义是什么？

图 1-20　双字传送指令

✎ 任务描述

以小组合作的形式完成 3 盏流水灯的 PLC 控制程序的设计，控制要求：按下起动按钮后，每间隔 1s 依次亮 1 盏灯，3 盏灯全亮 1s 后再全灭 1s，依此循环；当按下停止按钮后，3 盏灯全熄灭。要求用传送指令编程。

☞ 任务实施

按控制要求用传送指令编程完成 3 盏流水灯的运行控制。

步骤 1：3 盏流水灯的 PLC I/O 分配见表 1-8。

表 1-8　PLC I/O 分配

按钮名称	PLC 输入点	被控对象	PLC 输出点
起动按钮	I0.0	第 1 盏灯	Q0.0
停止按钮	I0.1	第 2 盏灯	Q0.1
		第 3 盏灯	Q0.2

步骤 2：3 盏流水灯的控制程序如图 1-21 所示。

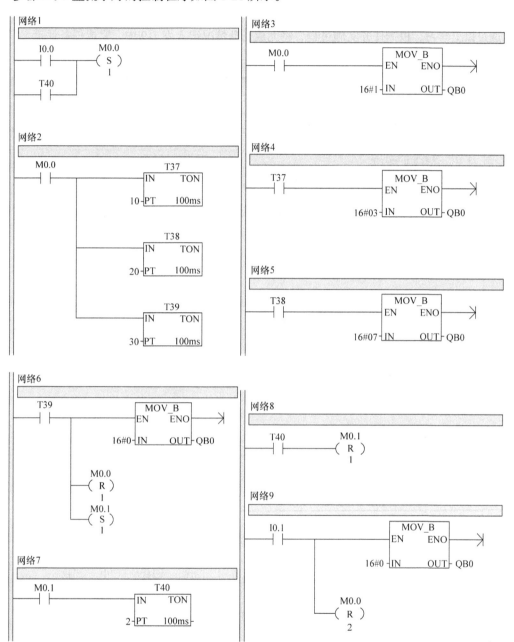

图 1-21　3 盏流水灯的控制程序

步骤 3：将程序下载到 PLC 控制器，观察程序运行情况。

步骤 4：结果汇报

1）小组派代表演示小组编好的运行程序，其他小组检查其程序的可行性，提出问题和质疑。

2）各小组进行工作岗位的"6S"（整理、整顿、清扫、清洁、安全、素养）管理。小组完成任务后，按照"6S"标准检查工作岗位；归还所借的工（量）具和实习工件。

✍ 任务评价

通过以上学习，根据任务实施过程，将完成任务情况记入表 1-9 中，完成任务评价。

表 1-9　学习任务评价

班级		姓名		学号		日期	年　月　日
学习任务名称：							
自我评价	1	是否能完成学习任务		□是　　□否			
	2	是否掌握了位、字节、字、双字		□是　　□否			
	3	是否能正确寻址		□是　　□否			
	4	是否能用传送指令完成程序的编写		□是　　□否			
	5	联机调试结果是否正确		□是　　□否			
	你在完成任务的时候，遇到了哪些问题？你是如何解决的？						
	1	是否能独立完成工作页的填写		□是　　□否			
	2	是否能按时上、下课，着装是否规范		□是　　□否			
	3	学习效果自评等级		□优　□良　□中　□差			
	总结与反思：						
小组评价	1	在小组讨论中能积极发言		□优　□良　□中　□差			
	2	能积极配合小组成员完成工作任务		□优　□良　□中　□差			
	3	在查找资料信息中的表现		□优　□良　□中　□差			
	4	能够清晰表达自己的观点		□优　□良　□中　□差			
	5	安全意识与规范意识		□优　□良　□中　□差			
	6	遵守课堂纪律		□优　□良　□中　□差			
	7	积极参与汇报展示		□优　□良　□中　□差			
教师评价	综合评价等级： 评语： 　　　　　　　　　　教师签名：　　　　　　年　月　日						

📖 任务拓展

设计 3 盏循环灯的 PLC 控制程序，控制要求如下：按下起动按钮后，第 1 盏灯亮 1s 后熄灭，然后接着第 2 盏灯亮 1s 后熄灭，再接着第 3 盏灯亮 1s 后熄灭，依此循环；当按下停止按钮后，3 盏灯都熄灭。要求用字节传送指令编程实现该功能。

任务小结

　　S7-200 存储器的数据类型是本次任务的重点，正确认识位、字节、字、双字之间的关系，对后续的学习会起到承前启后的作用。利用传送指令的编程过程，让学生对数据类型的应用有了进一步的理解。

课后练习

1. 请填写表 1-10 中位、字节、字、双字的点数或个数。

表 1-10　位、字节、字、双字的点数或个数

位	L0.0 ~ L0.7，…，L63.0 ~ L63.7	（　　）点
字节	LB0，LB1，…，LB63	（　　）个
字	LW0，LW2，…，LW62	（　　）个
双字	LD0，LD4，…，LD60	（　　）个

2. 请填写图 1-22 中各位的代码。

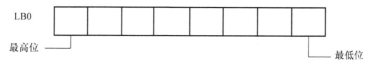

图 1-22　LB0 字节代码

3. 请填写图 1-23 中各位的代码。

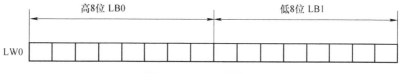

图 1-23　LW0 字代码

项目 2
恒压供水系统的 控制与调试

2

项目描述

在工业自动化控制系统中，变频器是一种常用的调速设备，常见的应用是用 PLC 控制变频器实现自动控制。通过本项目的学习能了解变频器常用参数的意义，完成变频器的多段速操作，熟悉变频器的通信方式，会用变频器控制设备的运行，能对常见故障进行简单处理，培养学生自主学习、分析问题、解决问题的能力。

任务 1　G110 变频器的基本操作与调试

任务引领

本任务主要内容包括变频调速的基础知识、变频调速的工作原理介绍、变频器常用参数的意义、面板按钮的功能、变频器参数的设置及运行控制方式的设定、独立完成变频器控制传送带运行等。

学习目标

（1）了解变频调速的基础知识。
（2）掌握变频调速的工作原理。
（3）熟悉变频器常用参数的意义。
（4）掌握 BOP 的按钮及其功能。
（5）能正确设置变频器的参数及运行控制方式。
（6）能使用变频器控制传送带运行。
建议学时：8 学时。

内容结构：

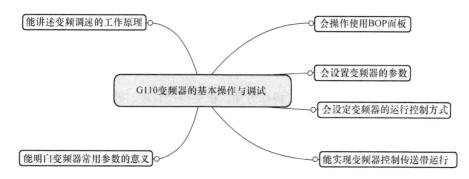

知识链接

一、交流异步电动机调速原理

1. 异步电动机旋转的工作原理

异步电动机的电磁转矩是由定子主磁通和转子电流相互作用产生的。如图 2-1 所示，磁场以转速 n_0 顺时针旋转，转子绕组切割磁力线，产生转子电流，通电的转子绕组相对磁场运动，产生电磁力。电磁力使转子绕组以转速 n 旋转，方向与磁场旋转方向相同。旋转磁场实际上是三个交变磁场合成的结果，这三个交变磁场应满足以下条件：

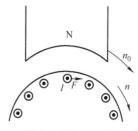

图 2-1 异步电动机旋转的工作原理

1）在空间位置上互差 $\dfrac{2\pi}{3}$ rad 电度角，这由定子三相绕组的布置来确定。

2）在时间上互差 $\dfrac{2\pi}{3}$ rad 相位角（或 1/3 周期），这由通入的三相交变电流来保证。

产生转子电流的必要条件是转子绕组切割定子磁场的磁力线，因此转子的转速 n 低于定子磁场的转速 n_0，两者之差称为转差。

$$\Delta n = n_0 - n$$

转差与定子磁场转速（常称为同步转速）之比，称为转差率，即

$$s = \Delta n / n_0$$

同步转速 n_0 的计算公式为

$$n_0 = 60 f / p$$

式中，f 为输入电流的频率；p 为旋转磁场的极对数。

由此可得转子的转速为

$$n = 60 f (1-s) / p$$

2. 异步电动机调速

由转速 $n = 60f(1-s)/p$ 可知，异步电动机调速有以下几种方法：

（1）改变磁极对数 p（变极调速）　定子磁场的极对数取决于定子绕组的结构，所以要改变 p，必须将定子绕组制成可以换接成两种以上磁极对数的特殊形式。通常，一套绕组只能换接成两种磁极对数。

变极调速的主要优点是设备简单、操作方便、机械特性较硬、效率高，既适用于恒转矩调速，又适用于恒功率调速；其缺点是变极调速为有级调速，且级数有限，因而只适用于不需要平滑调速的场合。

（2）改变转差率 s（变转差率调速）　以改变转差率为目的的调速方法有定子调压调速、转子变电阻调速、电磁转差离合器调速等。

1）定子调压调速。当负载转矩一定时，随着电动机定子电压的降低，主磁通减少，转子感应电动势减少，转子电流减少，转子受到的电磁力减少，转差率 s 增大，转速减小，从而达到速度调节的目的；同理，定子电压升高，转速增加。

定子调压调速的优点是调速平滑，采用闭环控制系统时，机械特性较硬，调速范围较宽；其缺点是低速时，转差功率损耗较大，功率因数低，电流大，效率低。定子调压调速既不是恒转矩调速，也不是恒功率调速，比较适合于风机、泵类特性的负载。

2）转子变电阻调速。当定子电压一定时，电动机主磁通不变，若减小转子电阻，则转子电流增大，转子受到的电磁力增大，转差率减小，转速升高；同理，增大定子电阻，转速降低。转子变电阻调速的优点是设备和线路简单，投资不高，但其机械特性较软，调速范围受到一定限制，且低速时转差功率损耗较大，效率低，经济效益差。目前，转子变电阻调速只在一些调速要求不高的场合使用。

3）电磁转差离合器调速。异步电动机电磁转差离合器调速系统以恒定转速运转的异步电动机为原动机，通过改变电磁转差离合器的励磁电流进行速度调节。

电磁转差离合器由电枢和磁极两部分组成，两者之间没有机械的联系，均可自由旋转。离合器的电枢与异步电动机转子轴相连并以恒速旋转，磁极与工作机械相连。

电磁转差离合器的工作原理如图 2-2 所示。如果磁极内励磁电流为零，那么电枢与磁极间没有任何电磁联系，磁极与工作机械静止不动，相当于负载被"脱离"；如果磁极内通入直流励磁电流，那么磁极即产生磁场，电枢由于被异步电动机拖动而旋转，因电枢与磁极间有相对运动而在电枢绕组中产生电流，并产生力矩，磁极将沿着电枢的运转方向旋转，此时负载相当于被"合上"。调节磁极内通入的直流励磁电流，就可以调节转速。

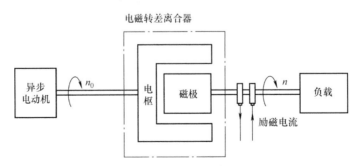

图 2-2　电磁转差离合器的工作原理

电磁转差离合器调速的优点是控制简单，运行可靠，能平滑调速，采用闭环控制后可扩大调速范围，常用于通风类或恒转矩类负载；其缺点是低速时损耗大，效率低。

（3）改变频率 f（变频调速）　当极对数 p 和转差率 s 不变时，电动机转子转速与定子电源频率成正比，因此连续改变供电电源的频率，就可以连续平滑地调节电动机的转速。

异步电动机的变频调速具有调速范围广、调速平滑性能好、机械特性较硬的优点，可以方便地实现恒转矩或恒功率调速。

二、变频调速

1. 变频器与逆变器、斩波器

变频调速以变频器向交流电动机供电，并构成开环或闭环系统。变频器是把固定电压、固定频率的交流电变换为可调电压、可调频率的交流电的变换器，是异步电动机变频调速的控制装置。逆变器是将固定直流电压变换成固定的或可调的交流电压（DC-AC 变换）的装置。将固定直流电压变换成可调的直流电压（DC-DC 变换）的装置称为斩波器。

2. 变压变频调速

在进行电动机调速时，通常要考虑的一个重要因素是，希望保持电动机中每极的磁通为额定值，并保持不变。

如果磁通太弱，即电动机出现欠励磁现象，将会影响电动机的输出转矩。电磁转矩的公式为

$$T_{\mathrm{M}} = K_{\mathrm{T}} \Phi_{\mathrm{M}} I_2 \cos\varphi_2$$

式中，T_{M} 为电磁转矩；Φ_{M} 为主磁通；I_2 为转子电流；$\cos\varphi_2$ 为转子回路的功率因数；K_{T} 为比例系数。

由上式可知，电动机主磁通的减小，势必造成电动机电磁转矩的减小。由于设计时电动机的磁通常接近饱和值，如果进一步增大磁通，将使电动机铁心出现饱和，从而导致电动机中流过很大的励磁电流，增加电动机的铜损和铁损，严重时会因绕组过热而损坏电动机。因此，在改变电动机频率时，应对电动机的电压进行协调控制，以维持电动机磁通的恒定。因此，用于交流电气传动中的变频器实际上是变压（Variable Voltage，VV）变频（Variable Frequency，VF）器，即 VVVF。所以，通常也把这种变频器叫作 VVVF 装置或 VVVF。

3. 变频器的分类

（1）根据变频器主电路的结构形式分类

根据变频器主电路的结构形式，变频器可分为交-直-交变频器和交-交变频器。交-直-交变频器首先通过整流电路将电网的交流电整流成直流电，再由逆变电路将直流电逆变为频率和幅值均可变的交流电。交-直-交变频器的主电路结构如图 2-3 所示。交-交变频器把一种频率的交流电直接变换为另一种频率的交流电，中间不经过直流环节。它的基本结构如图 2-4 所示。

图 2-3　交-直-交变频器的主电路结构

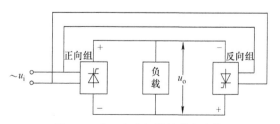

图 2-4　交-交变频器的基本结构

常用的交 - 交变频器输出的每一相都是一个两组晶闸管整流装置反并联的可逆电路。正、反向两组按一定周期相互切换，在负载上就获得交变的输出电压 u_o。输出电压 u_o 的幅值取决于各组整流装置的触发延迟角 α，输出电压 u_o 的频率取决于两组整流装置的切换频率。如果触发延迟角 α 一直不变，则输出平均电压是方波，要得到正弦波输出，就需在每一组整流器导通期间不断改变其触发延迟角。

对于三相负载，交 - 交变频器其他两组也各用一套反并联的可逆电路，输出平均电压相位依次相差 120°。

交 - 交变频器的控制方式决定了它的最高输出频率只能达到电源频率的 1/3 ~ 1/2，不能高速运行，这是它的主要缺点。但由于没有中间环节，不需要换流，提高了变频效率，并能实现四象限运行，因而多用于低速大功率系统中，如回转窑、轧钢机等。

（2）根据变频电源的性质分类　根据变频电源的性质，变频器可分为电压型变频器和电流型变频器。对于交 - 直 - 交变频器，电压型变频器与电流型变频器的主要区别在于中间直流环节采用什么样的滤波器。

电压型变频器的主电路结构如图 2-5 所示。在电路中间直流环节采用大电容滤波，直流电压波形比较平直，使施加于负载上的电压值基本上不受负载的影响而基本保持恒定，类似于电压源，因而称为电压型变频器。

电压型变频器逆变输出的交流电压为矩形波或阶梯波，而电流的波形经过电动机负载滤波后接近于正弦波，但有较大的谐波分量。

由于电压型变频器是作为电压源向交流电动机提供交流电功率的，所以其主要优点是运行几乎不受负载的功率因数或换流的影响；缺点是当负载出现短路或在变频器运行状态下投入负载时，都易出现过电流，必须在极短的时间内施加保护措施。

电流型变频器与电压型变频器在主电路结构上基本相似，所不同的是电流型变频器的中间直流环节采用大电感滤波，如图 2-6 所示。其直流电源波形比较平直，使施加于负载上的电流值稳定不变，基本不受负载的影响，其特性类似于电流源，所以称为电流型变频器。

图 2-5　电压型变频器的主电路结构　　　　图 2-6　电流型变频器的主电路结构

三、G110 变频器常用的参数

G110 变频器常用的参数见表 2-1。

表 2-1　G110 变频器常用的参数

变频器参数	参数意义	设定值	设定值意义
P0003	用户访问级	1	标准级
		2	扩展级
		3	专家级
P0010	调试参数	1	快速调试
		30	出厂值

（续）

变频器参数	参数意义	设定值	设定值意义
P0970	参数复位	0	禁止复位
		1	允许复位
P1058	点动频率	15	点动频率
P0700	操作模式	0	工厂的默认设置
		1	BOP 键盘面板操作
		2	由端子排输入
P1060	上升时间	1	上升时间
P0719	命令和频率设定值	0	设定值 =P1000
		3	设定值 = 固定频率
P1000	频率设定值的选择	1	MOP 设置
		3	固定频率设置
P0701	数字输入 0 的功能（端子 3）	1	接通正转
		2	接通反转
P0702	数字输入 1 的功能（端子 4）	10	正转点动
		11	反转点动
P0703	数字输入 2 的功能（端子 5）	15	固定频率设置
		16	固定频率设置（直接选择 +ON 命令）
P1001	固定频率 1	15	固定频率 1 值（Hz）
P1002	固定频率 2	15	固定频率 2 值（Hz）
P1003	固定频率 3	15	固定频率 3 值（Hz）
P1120	斜坡上升时间	0.1	上升时间（s）
P1121	斜坡下降时间	0.1	下降时间（s）

四、G110 变频器的通信

USS 通信控制 G110 变频器适用于组成网络的多个驱动系统，变频器的控制是通过 RS-485 串行通信接口按照 USS 协议进行的。这种方式是利用网络把若干个变频器连接在一起，并通过同一条通信总线对它们进行控制。USS 通信设置的项目及具体的设置方法见表 2-2。

表 2-2　USS 通信设置

步骤	设置项目	含　义	参考值
1	USS 的波特率	USS 通信所采用的波特率	9.6kbps[①] 19.6kbps
2	USS 地址	变频器设置的独一无二的网络通信地址	0、1、2
3	USS 通信的 PZD 长度	定义 USS 报文中 PZD 部分 16 位字的数目	
4	USS 通信的 PKW 长度	定义 USS 报文中 PKW 部分 16 位字的数目	

① 因后文软件中波特率单位皆使用 kbps，为方便讲解，文图对应，文中波特率单位也采用 kbps，特此说明。

高级调试要求用户直接访问变频器中的参数，既可以通过 USS 主站（例如 PLC）、基本操作板（BOP）进行访问，也可以通过 STARTER 软件进行访问。

五、变频器的接线

变频器的接线如图 2-7 所示。

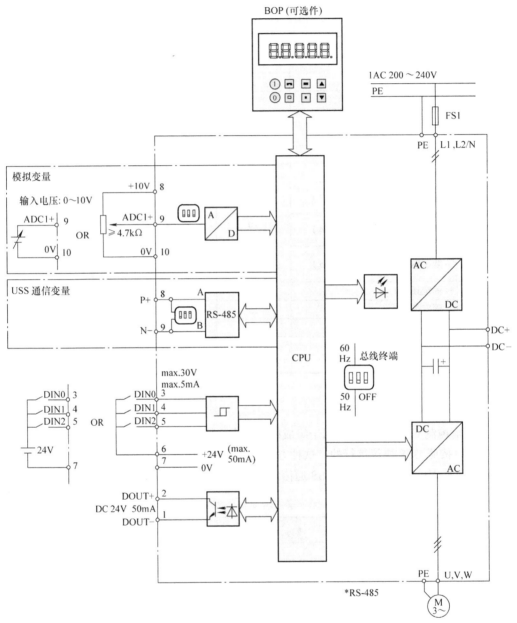

图 2-7 变频器的接线

六、变频器由控制端子控制

变频器的起动、停止（命令信号源）由控制端子控制，频率输出大小（设定值信号源）也由控制端子来调节。变频器控制端子的接线图如图 2-8 所示。变频器控制端子的参数设置与功能见表 2-3。

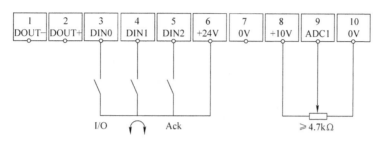

图 2-8　变频器控制端子的接线图

表 2-3　变频器控制端子的参数设置与功能

数字输入	端子	参数	功能
命令信号源	3，4，5	P0700=2	数字输入
设定值信号源	9	P1000=2	模拟输入
数字输入 0	3	P0701=1	ON/OFF1（I/O）
数字输入 1	4	P0702=12	反向（↻↺）
数字输入 2	5	P0703=9	故障复位（Ack）
控制方式	—	P0727=0	西门子标准控制

任务描述

熟悉变频器的 BOP 按钮及其功能，完成参数的设置及变频器运行控制方式的设定，完成变频器控制传送带运行的操作。

任务实施

一、BOP 按钮及其功能

步骤 1：认识 BOP 的按钮及其功能。BOP 正面如图 2-9 所示，按钮及其功能见表 2-4。

步骤 2：在变频器上进行操作，熟悉变频器面板上 8 个按钮的功能。

图 2-9　BOP 正面

表 2-4 BOP 的按钮及其功能

显示 / 按钮	功能	功能说明
r-0000	状态显示	LCD 显示变频器当前所用的设定值
I	起动变频器	按此键起动变频器。默认值运行时此键是被封锁的。为了使此键的操作有效，应按照下面的数值进行设置：P0700 = 1 或 P0719 = 10...15
O	停止变频器 OFF1	按此键，变频器将按选定的斜坡下降速率减速停机。默认值运行时此键被封锁。为了使此键的操作有效，应设置：P0700 = 1 或 P0719 = 10...15
	OFF2	按此键两次（或一次，但时间较长）电动机将在惯性作用下自由停机 此功能总是"使能"的
↺	改变电动机的转动方向	按此键可以改变电动机的转动方向。电动机的反向用负号（−）表示或用闪烁的小数点表示。默认值运行时此键是被封锁的。为了使此键的操作有效，应设置：P0700 = 1 或 P0719 = 10...15
JOG	电动机点动	在变频器"运行准备就绪"的状态下，按下此键，将使电动机起动，并按预设定的点动频率运行。释放此键时，变频器停止。如果电动机正在运行，按此键将不起作用
Fn	功能	1. 此键用于浏览辅助信息 变频器运行过程中，在显示任何一个参数时按下此键并保持不动，将显示以下参数的数值：1）直流回路电压（用 d 表示，单位为 V）2）输出频率（Hz）3）输出电压（用 o 表示，单位为 V）4）由 P0005 选定的数值（如果 P0005 选择显示上述 3 个参数中的任何一个，这里将不再显示）连续多次按下此键，将轮流显示以上参数 2. 跳转功能 在显示任何一个参数（rXXXX 或 PXXXX）时短时间按下此键，将立即跳转到 r0000，如果需要的话，可以接着修改其他的参数。跳转到 r0000 后，按此键将返回原来的显示点 3. 故障确认 在出现故障或报警的情况下，按 Fn 键可以对故障或报警进行确认
P	参数访问	按此键即可访问参数
△	增加数值	按此键即可增加面板上显示的参数数值
▽	减少数值	按此键即可减少面板上显示的参数数值

二、参数设置

步骤 1： 在变频器上操作完成参数设置，并将 P0003 设置为 3。

步骤 2： 对照表 2-5，完成变频器的参数设置，并填写功能说明。

表 2-5　参数设置操作与功能说明

参数	设置值	功能说明
P0003	3	
P0010	30	
P0700	1	
P0719	0	
P0970	1	
P1000	3	
P1001	15	
P1058	15	
P1060	1	
P1120	1	
P1121	1	

三、变频器运行控制方式的设定

步骤 1：BOP 控制方式。变频器的起动、停止（命令信号源）由 BOP 控制，频率输出大小（设定值信号源）也由 BOP 来调节，该控制方式下需设定的参数见表 2-6。

表 2-6　BOP 控制方式时参数的设定

名称	参数	功能
命令信号源	P0700=1	BOP 设置
设定值信号源	P1000=1	BOP 设置

步骤 2：在变频器上操作完成 BOP 控制方式的参数设置，并检测与调试。

步骤 3：端子控制方式。变频器的起动、停止（命令信号源）由控制端子控制，频率输出大小（设定值信号源）也由控制端子来调节，控制端子接线图如图 2-10 所示，需设置的参数及功能见表 2-7。

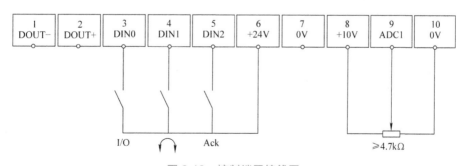

图 2-10　控制端子接线图

表 2-7 端子控制时设置的参数及功能

数字输入	端子	参数	功能
命令信号源	3、4、5	P0700=2	数字输入
设定值信号源	9	P1000=2	模拟输入
数字输入 0	3	P0701=1	ON/OFF1（I/O）
数字输入 1	4	P0702=12	反向
数字输入 2	5	P0703=0	故障复位
控制方式	—	P0727=0	西门子标准控制

步骤 4：在变频器上操作完成端子控制方式的参数设置，并检测与调试传送带运行情况。

四、结果汇报

1）小组派代表演示小组编好的运行程序，其他小组检查其程序的可行性，提出问题和质疑。

2）各小组进行工作岗位的"6S"（整理、整顿、清扫、清洁、安全、素养）管理。小组完成任务后，按照"6S"标准检查工作岗位；归还所借的工（量）具和实习工件。

✍ 任务评价

通过以上学习，根据任务实施过程，将完成任务情况记入表 2-8 中，完成任务评价。

表 2-8 学习任务评价

班级		姓名		学号		日期		年 月 日
学习任务名称：								
自我评价	1	是否能理解任务要求		□是	□否			
	2	变频器的基本操作是否掌握		□是	□否			
	3	能否正确设定变频器的运行控制方式		□是	□否			
	你在完成任务的时候，遇到了哪些问题？你是如何解决的？							
小组评价	1	在小组讨论中能积极发言		□优	□良	□中	□差	
	2	能积极配合小组成员完成工作任务		□优	□良	□中	□差	
	3	在查找资料信息中的表现		□优	□良	□中	□差	
	4	能够清晰表达自己的观点		□优	□良	□中	□差	
	5	安全意识与规范意识		□优	□良	□中	□差	
	6	遵守课堂纪律		□优	□良	□中	□差	
	7	积极参与汇报展示		□优	□良	□中	□差	
教师评价	综合评价等级： 评语： 教师签名： 年 月 日							

任务拓展

1. 采用 BOP 控制、端子控制两种方式，完成变频器控制传送带正转运行操作。
2. 采用 BOP 控制、端子控制两种方式，完成变频器控制传送带反转运行操作。

？ 想一想　利用已学的变频器知识确定传送带正转时所需要的控制参数，并将参数写入表 2-9 中。

表 2-9　传送带正转时所需要的控制参数

变频器参数	参数意义	设定值	设定值意义

任务小结

G110 是西门子中常见的变频设备。在本次任务中变频器的基本操作是内容的重点，也是本项目的基础。通过任务实施引导学生理解和掌握变频器的基本操作要点，熟悉变频器常用参数的功能，会根据控制要求灵活选择控制方式，为后续任务打下基础。

课后练习

1. 查阅资料，写出在 BOP 控制方式下电动机连续正转运行时所需的变频参数。
2. 查阅资料，写出在端子控制方式下电动机连续正转运行时所需的变频参数。

任务 2 电动机多段速的变频控制与调试

任务引领

本次任务是利用端子控制方式实现变频器的多段速运行，具体任务包括变频器的快速调试、控制端子接线介绍、变频器多段速的参数设置、利用变频器控制电动机的多段速输出。

学习目标

（1）掌握变频器的快速调试。
（2）了解变频器的控制端子接线。
（3）能按控制要求完成变频器多段速的参数设置。
（4）能使用变频器对电动机多段调速进行联机调试。
建议学时：8 学时。
内容结构：

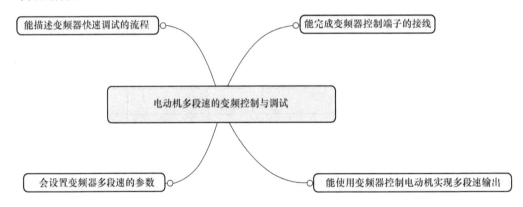

知识链接

一、变频器的快速调试

利用快速调试功能使变频器与实际的电动机参数相匹配，并对重要的技术参数进行设定。为了访问电动机的全部参数，建议把用户的访问级设定为 3（专家级），即 P0003 = 3。快速调试过程如图 2-11 所示。

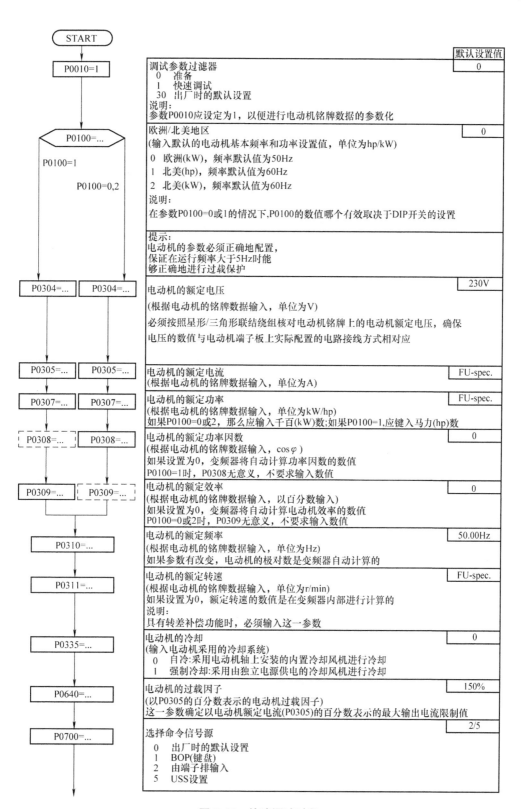

	默认设置值
调试参数过滤器 0 准备 1 快速调试 30 出厂时的默认设置 说明： 参数P0010应设定为1，以便进行电动机铭牌数据的参数化	0
欧洲/北美地区 (输入默认的电动机基本频率和功率设置值，单位为hp/kW) 0 欧洲(kW)，频率默认值为50Hz 1 北美(hp)，频率默认值为60Hz 2 北美(kW)，频率默认值为60Hz 说明： 在参数P0100=0或1的情况下，P0100的数值哪个有效取决于DIP开关的设置	0
提示： 电动机的参数必须正确地配置， 保证在运行频率大于5Hz时能 够正确地进行过载保护	
电动机的额定电压 (根据电动机的铭牌数据输入，单位为V) 必须按照星形/三角形联结组核对电动机铭牌上的电动机额定电压，确保 电压的数值与电动机端子板上实际配置的电路接线方式相对应	230V
电动机的额定电流 (根据电动机的铭牌数据输入，单位为A)	FU-spec.
电动机的额定功率 (根据电动机的铭牌数据输入，单位为kW/hp) 如果P0100=0或2，那么应输入千百(kW)数；如果P0100=1，应键入马力(hp)数	FU-spec.
电动机的额定功率因数 (根据电动机的铭牌数据输入，cosφ) 如果设置为0，变频器将自动计算功率因数的数值 P0100=1时，P0308无意义，不要求输入数值	0
电动机的额定效率 (根据电动机的铭牌数据输入，以百分数输入) 如果设置为0，变频器将自动计算电动机效率的数值 P0100=0或2时，P0309无意义，不要求输入数值	0
电动机的额定频率 (根据电动机的铭牌数据输入，单位为Hz) 如果参数有改变，电动机的极对数是变频器自动计算的	50.00Hz
电动机的额定转速 (根据电动机的铭牌数据输入，单位为r/min) 如果设置为0，额定转速的数值是在变频器内部进行计算的 说明： 具有转差补偿功能时，必须输入这一参数	FU-spec.
电动机的冷却 (输入电动机采用的冷却系统) 0 自冷:采用电动机轴上安装的内置冷却风机进行冷却 1 强制冷却:采用由独立电源供电的冷却风机进行冷却	0
电动机的过载因子 (以P0305的百分数表示的电动机过载因子) 这一参数确定以电动机额定电流(P0305)的百分数表示的最大输出电流限制值	150%
选择命令信号源 0 出厂时的默认设置 1 BOP(键盘) 2 由端子排输入 5 USS设置	2/5

图 2-11   快速调试过程

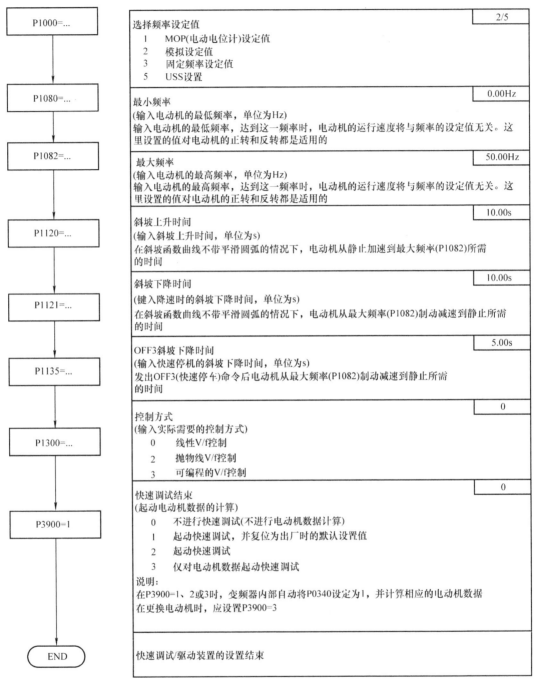

图 2-11　快速调试过程（续）

二、变频器的控制端子接线

G110 变频器共有 10 个控制端子，端子编号分别为 1~10，各端子的端子编号、标识及功能见表 2-10。1、2 号端子为数字输出信号，可用来输出某开关信号；3、5 号端子为数字量输入信号，各端子都可往变频器输入一开关信号；6 号端子为输出 +24V（即电源正极）；7 号端子为输出 0V（即电源负极）；8、9、10 号端子的功能按控制方式来确定，在模拟控制方式下，8 号端子为输出 +10V，9 号端子为模拟量输入信号，10 号端子为 0V。控制端子接线图如图 2-12 所示。

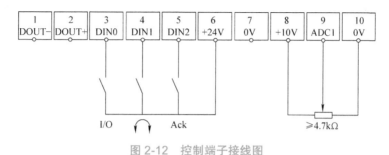

图 2-12　控制端子接线图

表 2-10　G110 变频器的控制端子

端子编号	标识	功　　　能
1	DOUT−	数字输出（−）
2	DOUT+	数字输出（+）
3	DIN0	数字输入 0
4	DIN1	数字输入 1
5	DIN2	数字输入 2
6	—	带电位隔离的输出 +24V/50mA
7	—	输出 0V
8	—	输出 +10V
9	ADC1	模拟量输入
10	—	输出 0V

任务描述

利用变频器的端子控制方式，通过对变频器多段速的参数设置，实现变频器对电动机的多段速运行控制。

任务实施

一、变频器的多种快速调试

1）BOP 控制的 JOG 快速调试。

步骤 1：确定快速调试所需要的变频参数，见表 2-11。

步骤 2：在变频器上进行操作，完成 BOP 控制的 JOG 快速调试。

2）BOP 控制的连续运转快速调试。

步骤 1：确定快速调试所需要的变频参数，见表 2-12。

表 2-11　JOG 快速调试变频参数

参数	参数设定值	备注
复位	P0003=3	
	P0010=30	
	P0970=1	
点动	P0003=3	断电重启
	P1058=15	
	P0700=1	
	P1060=1	

表 2-12　BOP 控制的快速调试变频参数

参数	参数设定值	备注
复位	P0003=3	
	P0010=30	
	P0970=1	
连续	P0003=3	断电重启
	P0700=1	
	P0719=0	
	P1000=1	
	P1058=15	

步骤 2：在变频器上进行操作，完成 BOP 控制的连续运转快速调试。

3）端子控制的连续运转快速调试。

步骤 1：确定快速调试所需要的变频参数，见表 2-13。

表 2-13　端子控制的快速调试变频参数

参数	参数设定值	备注
复位	P0003=3	
	P0010=30	
	P0970=1	
连续	P0003=3	断电重启
	P0700=2	
	P0701=16	
	P1000=3	
	P1001=15	
	P1120=1	
	P1121=1	

步骤 2：在变频器上进行操作，完成端子控制的连续运转快速调试。

二、端子控制方式下变频器多段速的运行与调试

1）按控制要求完成变频器一段速输出的参数设置。

步骤 1：根据图 2-13 确定变频器一段速输出所需要的变频参数，见表 2-14。

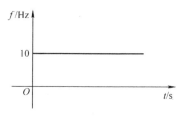

图 2-13　变频器一段速输出曲线

表 2-14　一段速输出所需要的变频参数

输入端子	参数	参数意义
3	P0701=16	固定频率设置（直接选择 +ON 命令）
	P1001=10	固定频率 1
4	P0702=1	接通正转 ON/OFF1 命令
	P1002=15	固定频率 2
5	P0703=1	接通正转 ON/OFF1 命令
	P1003=20	固定频率

步骤 2：在变频器上进行操作，完成变频器一段速输出的调试。

2）按控制要求完成变频器二段速输出的参数设置。

步骤 1：根据图 2-14 确定变频器二段速输出所需要的变频参数，见表 2-15。

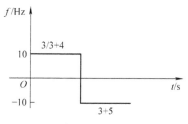

图 2-14　变频器二段速输出曲线

表 2-15　二段速输出所需要的变频参数

输入端子	参数	参数意义
3	P0701=16	固定频率设置（直接选择 +ON 命令）
	P1001=10	固定频率 1
4	P0702=1	接通正转 ON/OFF1 命令
	P1002=15	固定频率 2
5	P0703=12	反转
	P1003=20	固定频率

步骤 2：在变频器上进行操作，完成变频器二段速输出的调试。

3）按控制要求完成变频器三段速输出的参数设置。

步骤 1：根据图 2-15 确定变频器三段速输出所需要的变频参数，见表 2-16。

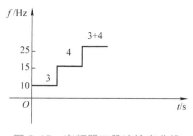

图 2-15　变频器三段速输出曲线

表 2-16　三段速输出所需要的变频参数

输入端子	参数	参数意义
3	P0701=16	固定频率设置（直接选择 +ON 命令）
	P1001=10	固定频率 1
4	P0702=16	固定频率设置（直接选择 +ON 命令）
	P1002=15	固定频率 2
5	P0703=1	接通正转 ON/OFF1 命令
	P1003=20	固定频率

步骤 2：在变频器上进行操作，完成变频器三段速输出的调试。

4）按控制要求完成变频器四段速输出的参数设置。

步骤 1：识读图 2-16。

步骤 2：确定变频器四段速输出所需要的变频参数，完成表 2-17。

5）按控制要求完成变频器五段速输出的参数设置。

步骤 1：识读图 2-17。

步骤 2：确定变频器五段速输出所需要的变频参数，完成表 2-18。

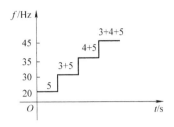

图 2-16　变频器四段速输出曲线

表 2-17　四段速输出所需要的变频参数

输入端子	参数	参数意义
3		
4		
5		

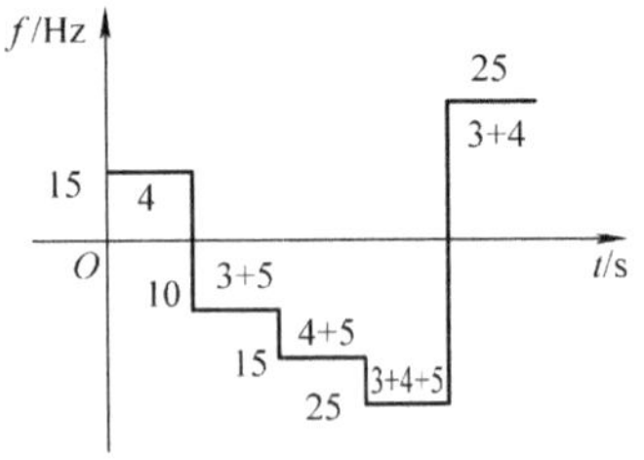

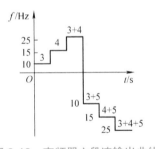

图 2-17　变频器五段速输出曲线

表 2-18　五段速输出所需要的变频参数

输入端子	参数	参数意义
3		
4		
5		

6）按控制要求完成变频器六段速输出的参数设置。

步骤 1：识读图 2-18。

步骤 2：确定变频器六段速输出所需要的变频参数，完成表 2-19。

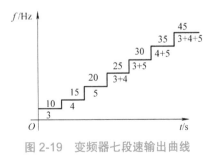

图 2-18　变频器六段速输出曲线

表 2-19　六段速输出所需要的变频参数

输入端子	参数	参数意义
3		
4		
5		

7）按控制要求完成变频器七段速输出的参数设置。

步骤 1：识读图 2-19。

步骤 2：确定变频器七段速输出所需要的变频参数，完成表 2-20。

图 2-19　变频器七段速输出曲线

表 2-20　七段速输出所需要的变频参数

输入端子	参数	参数意义
3		
4		
5		

8）在变频器上进行操作，完成变频器四、五、六、七段速输出的调试。

三、结果汇报

1）各小组派代表演示小组调试结果，接受全体同学的检查。

2）各小组进行工作岗位的"6S"（整理、整顿、清扫、清洁、安全、素养）管理。小组完成任务后，按照"6S"标准检查工作岗位；归还所借的工（量）具和实习工件。

✍ 任务评价

通过以上学习，根据任务实施过程，将完成任务情况记入表 2-21 中，完成任务评价。

表 2-21　学习任务评价

班级			姓名		学号		日期	年　月　日	
学习任务名称：									
自我评价	1	是否能理解任务要求			□是	□否			
	2	变频器的多段速参数设置是否掌握			□是	□否			
	3	能否正确完成变频器七段速的调试			□是	□否			
	你在完成任务的时候，遇到了哪些问题？你是如何解决的？								
小组评价	1	在小组讨论中能积极发言			□优	□良	□中	□差	
	2	能积极配合小组成员完成工作任务			□优	□良	□中	□差	
	3	在查找资料信息中的表现			□优	□良	□中	□差	
	4	能够清晰表达自己的观点			□优	□良	□中	□差	
	5	安全意识与规范意识			□优	□良	□中	□差	
	6	遵守课堂纪律			□优	□良	□中	□差	
	7	积极参与汇报展示			□优	□良	□中	□差	
教师评价	综合评价等级： 评语： 教师签名：　　　　　年　月　日								

📖 任务拓展

变频器的输入参数见表 2-22。

表 2-22　输入参数

输入端子	参数	参数意义
DN0	P0701	1
	P1001	20
DN1	P0702	1
	P1002	无效
DN2	P0703	2
	P1003	无效

根据上述输入参数在图 2-20 中画出时频图。

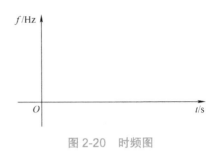

图 2-20　时频图

 想一想

1. 由 DN0、DN1、DN2 的输入端子，可组成几种多段速状态？

2. 变频器控制要求为 20Hz 正转、20Hz 反转，写出所需要的变频参数。

任务小结

熟悉变频器的多段速操作，可帮助学生对 G110 变频器的功能参数加深理解，进一步掌握 G110 变频器的操作要点，通过完成不同控制要求下的变频参数设置、变频器输出状况调试，提高发现问题、解决问题的能力。

课后练习

1. 熟悉 G110 变频器常用参数的功能。

2. 熟悉 G110 变频器控制端子的接线端子的标识与功能。

任务 3　24h 多段速恒压供水系统的变频控制与调试

👉 任务引领

24h 多段速恒压供水系统的变频控制是利用端子控制方式来实现变频器控制电动机的多段速输出，从而达到多段速恒压供水的目标。通过该任务的学习，旨在让学生了解恒压供水系统的工作原理，能对变频器及控制设备的常见故障进行处理。

🥕 学习目标

（1）了解恒压供水系统的工作原理。

（2）能按控制要求准确配置变频器的参数。

（3）能正确实现变频器对 PLC 的控制并成功调试。

（4）能正确处理变频器及控制设备的常见故障。

建议学时：8 学时。

内容结构：

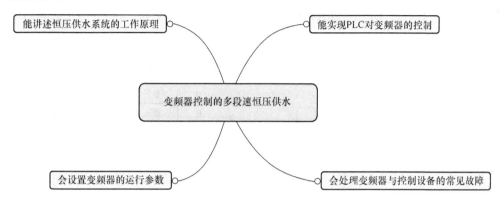

知识链接

一、多段速恒压供水的工作原理

随着变频调速技术的发展和人们对生活饮用水品质要求的不断提高，变频调速供水设备已应用于多层建筑的生活供水系统及高层建筑的消防供水系统。变频调速供水系统一般具有设备投资少、系统运行可靠、占地面积小、节电节水、自动化程度高、操作控制方便等优点。该系统伴随着控制器和变频器技术的发展和不断更新。在变频调速恒压供水系统中，其核心部件为变频调速器。变频调速技术应用在风机、水泵上效果非常显著。一般情况下，泵房由于在生产初期对泵机选用留有裕量，用水量的大小直接影响到水泵出水口的压力。常规的调压做法是调节阀门的开启度、进行大小泵机的切换以及设置回流阀等。这就造成了能量的损失，也达不到恒压供水的目的，并造成直接或间接的经济损失或社会影响。变频调速系统用于供水泵以后，收到了良好的节能效果，一般节能率可达到 20% ~ 30%，有的设备节能率可高达 40% 以上，同时也提高了水管运行的安全性和可靠性，降低了管网的维护、维修费用，使得水管的爆管率及漏损率大大降低。

多段速恒压供水是根据人们的实际用水情况，将 24h 分成若干时间区域，在用水量大时，通过变频器增加电动机的转速，提高水泵的出水量；在用水量少时，通过变频器使电动机低速运转，减少水泵的出水量，从而达到恒压供水的目的。

二、多段速频率控制电路

由于工艺上的需要，很多设备在不同阶段需要在不同的转速下运行。为满足这种负载的需求，大多数变频器都提供了多段频率控制功能，可通过几个开关的通断组合来选择不同的运行频率。

G110 变频器的 6 个数字输入端口（即端口 1、2、3、4、5 和 6）可根据需要分别选定参数值来实现多段速频率控制，如图 2-21 所示。

每一个频段的频率可分别由参数 P1001 ~ P1015 设置，最多可实现 15 频段控制。在多频段控制中，电动机的旋转方向是由参数 P1001 ~ P1015 所设置的频率正负决定的。6 个数字输入端口中，哪个作为电动机运行、停止控制，哪些作为多频段控制，是可以由用户任意设定的。一且确定了某一数字输入端口的控制功能，其内部参数的设置值必须与端口的控制功能相对应。例如，用 DIN1、DIN2、DIN3、DIN4 四个输入端来选择 16 段频率，其组合形式见表 2-23。

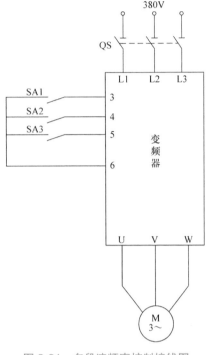

图 2-21　多段速频率控制接线图

表 2-23　运行固定频率对应关系

DIN4	DIN3	DIN2	DIN1	运行频率
0	0	0	1	P1001
0	0	1	0	P1002
0	0	1	1	P1003
0	1	0	0	P1004
0	1	0	1	P1005
0	1	1	0	P1006
0	1	1	1	P1007
1	0	0	0	P1008
1	0	0	1	P1009
1	0	1	0	P1010
1	0	1	1	P1011
1	1	0	0	P1012
1	1	0	1	P1013
1	1	1	0	P1014
1	1	1	1	P1015
0	0	0	0	0

 任务描述

PLC 程序控制变频器进行多段频率输出，再通过变频器控制电动机实现电动机的多段速运行。24h 多段速恒压供水系统将根据用户用水量的大小，通过 PLC 程序自动控制变频器的输出频率来控制电动机转速，从而实现恒压供水的目的。

任务实施

一、根据小区居民 24h 实际用水情况设置居民用水频率

步骤 1：将 24h 划分为 5 个时段，按居民实际用水情况设置对应频率参数，见表 2-24。

表 2-24　小区居民 24h 实际用水情况及用水频率的设置

序号	时段	居民用水量	频率参数 /Hz
1	0：00—5：00	较少	10
2	5：00—11：00	多	30
3	11：00—14：00	较多	35
4	14：00—17：00	少	25
5	17：00—24：00	最多	55

步骤 2：画出小区居民 24h 用水情况的时频图（参考时频图见图 2-22）。

步骤 3：设置变频器实现电动机五段速控制的频率参数，将结果写入表 2-25 中。

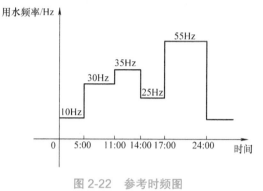

图 2-22　参考时频图

表 2-25　电动机五段速控制频率参数

参数号	出厂值	设定值	说明

步骤 4：将设置的变频参数写入变频器（具体操作见本项目任务 2）。

步骤 5：变频器参数调试。

当合上端子开关 5，数字输入端口 DIN5 为 "ON"，允许电动机运行。

1）第 1 段控制：当端子开关 3 接通、端子开关 4 断开时，变频器数字输入端口 DIN3 为 "ON"，端口 DIN4 为 "OFF"，变频器工作在由参数 P1001 所设定的频率为 10Hz 的第 1 段上，电动机运行在对应的 1400r/min 的转速上。

2）第 2 段控制：当端子开关 4 接通、端子开关 3 断开时，变频器数字输入端口 DIN4 为 "ON"，端口 DIN3 为 "OFF"，变频器工作在由参数 P1002 所设定的频率为 30Hz 的第 2 段上，电动机运行在对应的 2128r/min 的转速上。

3）第 3 段控制：当端子开关 3 接通、端子开关 4 接通时，变频器数字输入端口 DIN3 为 "ON"，端口 DIN4 为 "ON"，变频器工作在由参数 P1003 所设定的频率为 35Hz 的第 3 段上，电动机运行在对应的 2352r/min 的转速上。

第 4、5 段控制系统调试过程由学生自己完成。

第 4 段控制：

第 5 段控制：

二、PLC 与变频器的接线与检测

步骤 1：根据 PLC 与变频器的控制接线图（见图 2-23）完成 PLC、变频器之间的接线。

步骤 2：用万用表检测接线情况。

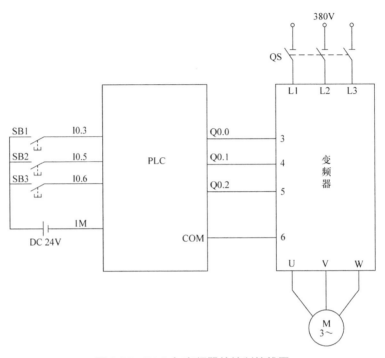

图 2-23　PLC 与变频器的控制接线图

使用指针式万用表的欧姆挡进行开路、短路测试后，再对所接线路进行测量，若指针不动则为线路不通，若指针偏转则为线路接通。

三、PLC 程序设计与调试

步骤 1：24h 恒压供水 PLC 的 I/O 分配见表 2-26。

表 2-26　24h 恒压供水 PLC 的 I/O 分配

名称	PLC 输入点	名称	PLC 输出点
起动按钮	I0.3	端子开关 3	Q0.0
急停按钮	I0.6	端子开关 4	Q0.1
复位按钮	I0.5	端子开关 5	Q0.2

步骤 2：根据变频器 5 段控制原理编写 PLC 控制程序，实现 24h 恒压供水的参考程序如图 2-24 所示。

步骤 3：下载程序联机调试。

步骤 4：根据调试情况进行程序修改，完成控制要求。

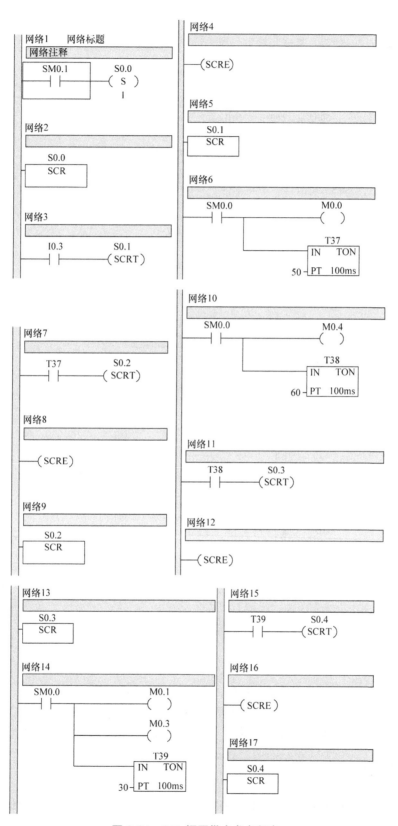

图 2-24 24h 恒压供水参考程序

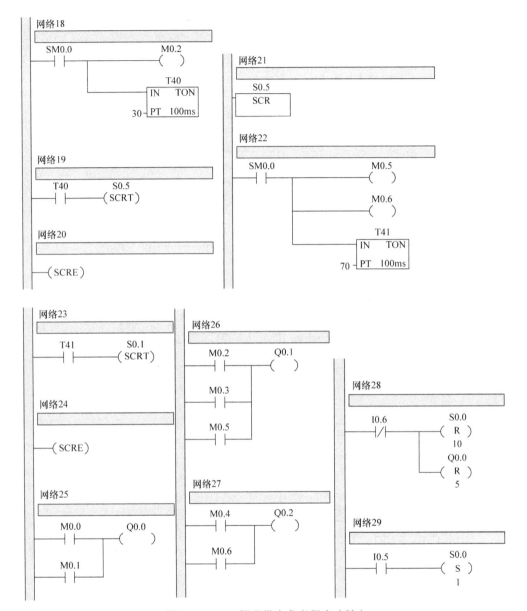

图 2-24　24h 恒压供水参考程序（续）

四、结果汇报

1）各小组派代表演示小组编好的程序，接受全体同学的检查。

2）各小组进行工作岗位的"6S"（整理、整顿、清扫、清洁、安全、素养）管理。小组完成任务后，按照"6S"标准检查工作岗位；归还所借的工（量）具和实习工件。

✍ 任务评价

通过以上学习，根据任务实施过程，将完成任务情况记入表 2-27 中，完成任务评价。

表 2-27　学习任务评价

班级		姓名		学号		日期	年　月　日
学习任务名称：							

<table>
<tr><td rowspan="5">自我评价</td><td>1</td><td colspan="2">是否能理解任务要求</td><td colspan="2">□是　　□否</td><td colspan="2"></td></tr>
<tr><td>2</td><td colspan="2">是否掌握 24h 恒压供水系统的控制与调试方法</td><td colspan="2">□是　　□否</td><td colspan="2"></td></tr>
<tr><td>3</td><td colspan="2">能否处理变频器的常见故障</td><td colspan="2">□是　　□否</td><td colspan="2"></td></tr>
<tr><td colspan="7">你在完成任务的时候，遇到了哪些问题？你是如何解决的？</td></tr>
<tr><td colspan="7" style="height:150px"></td></tr>
</table>

小组评价	1	在小组讨论中能积极发言	□优	□良	□中	□差
	2	能积极配合小组成员完成工作任务	□优	□良	□中	□差
	3	在查找资料信息中的表现	□优	□良	□中	□差
	4	能够清晰表达自己的观点	□优	□良	□中	□差
	5	安全意识与规范意识	□优	□良	□中	□差
	6	遵守课堂纪律	□优	□良	□中	□差
	7	积极参与汇报展示	□优	□良	□中	□差

<table>
<tr><td rowspan="2">教师评价</td><td colspan="6">综合评价等级：
评语：</td></tr>
<tr><td colspan="6">教师签名：　　　　　　　　年　月　日</td></tr>
</table>

📖 任务拓展

查找相关资料完成表 2-28。

表 2-28　变频器及控制设备的常见故障

序号	故障现象	可能原因	处理方法
1	写入参数无效		
2	找不到参数 P0700		
3	传送带不运转		
4	传送带运行速度太快或太慢		
5	传送带间歇性运行		

想一想

用自锁按钮控制变频器实现电动机 9 段速频率运转。9 段速设置分别为：第 1 段输出频率为 5Hz；第 2 段输出频率为 10Hz；第 3 段输出频率为 15Hz；第 4 段输出频率为 10Hz；第 5 段输出频率为 −10Hz；第 6 段输出频率为 −20Hz；第 7 段输出频率为 35Hz；第 8 段输出频率为 50Hz；第 9 段输出频率为 30Hz。画出变频器外部接线图，写出参数设置。

任务小结

　　24h 恒压供水任务来源于实际生活，课题的引入可激发学生的求知欲，在完成任务的过程中会遇到一些问题或困难，在解决问题或困难的同时能将所学知识点融会贯通，达到灵活应用的目的。

课后练习

　　在设备调试过程中经常会出现一些问题，这些问题会直接影响设备的运行，在遇到这些问题时我们应从哪些方面去查找原因？请大家课后思考以下几个问题。

　　1. 变频器与 PLC 无法通信，该如何处理？

　　2. 变频器不能驱动传送带，如何处置？

　　3. 变频器不能实现多速运转，如何解决？

项目 3

WinCC flexible 信号灯系统的控制

3

项目描述

随着科学技术的不断发展，触摸屏的应用范围越来越广泛，从工厂设备的控制操作系统、公共信息查询的电子查询设施、商业用途的取款机，到消费性电子产品的移动电话都应用了触摸屏。触摸屏作为一种操作简便的人机界面装置，它具有接收操作人员发出的各种命令和设置参数的功能。本项目包括 WinCC flexible 软件的安装与使用、WinCC flexible 循环灯的控制、WinCC flexible 交通灯的控制三个任务，通过任务的实施达到对触摸屏熟练应用的目的。

任务1 WinCC flexible 软件的安装与使用

👉 任务引领

WinCC flexible 是触摸屏的组态软件，能对触摸屏和操作面板进行组态。WinCC flexible 的组态画面对象较为简单，具有一定的数据储存和处理能力，是西门子触摸屏常用的软件。本次任务介绍 WinCC flexible 软件的安装与使用。

🥕 学习目标

（1）会安装西门子触摸屏软件 WinCC flexible。
（2）会使用西门子触摸屏软件 WinCC flexible 进行组态。
（3）能建立西门子 TP177A 型触摸屏与 PC 的通信连接。
（4）会实现触摸屏界面的下载。
建议学时：4 学时。

内容结构：

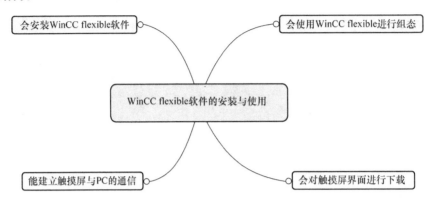

🖇 知识链接

一、WinCC flexible 概述

1. ProTool 与 WinCC flexible

西门子的人机界面（Human Machine Interface，HMI）以前使用 ProTool 进行组态，WinCC flexible 是在被广泛认可的 ProTool 组态软件基础上发展起来的，并且与 ProTool 保持了一致性。ProTool 适用于单用户系统，WinCC flexible 可以满足各种需求，从单用户、多用户到基于网络的工厂自动化控制与监视。大多数 SIMATIC HMI 产品可以用 ProTool 或 WinCC flexible 组态，某些新的 HMI 产品只能用 WinCC flexible 组态。我们可以非常方便地将 ProTool 组态的项目移植到 WinCC flexible 中。

WinCC flexible 带有丰富的图库，提供了大量的对象供用户使用，其缩放比例和动态性能都是可变的。使用图库中的元件，可以快速方便地生成各种美观的画面。

2. WinCC flexible 的改进

WinCC flexible 改进后的特点如下：

1）可以通过以太网与 S7 系列 PLC 进行连接。

2）对象库中的屏幕对象可以任意定义并重新使用，可集中修改。

3）画面模板用于创建画面的共同组成部分。

4）智能工具包括用于创建项目的项目向导、画面分层、运动轨迹和图形组态。

5）具有数字信息和模拟信息的信息报警系统。

6）可以任意定义信息类别，可以对响应行为和显示进行组态。

7）可以在 5 种语言之间切换。

8）扩展的密码系统。通过用户名和密码进行身份认证，最多有 32 个用户组特定权限。

9）通过使用 VB 脚本来动态显示对象，以访问文本、图形或条形图等屏幕对象属性。

3. 安装 WinCC flexible 的 PC 推荐配置

根据 WinCC flexible 对 PC 硬件的要求，推荐配置如下：

1）操作系统：Windows 2000 SP4 或 Windows XP Professional。

2）Internet 浏览器：Microsoft Internet Explorer V6.0 SP1/SP2。

3）图形 / 分辨率：1028×768 像素或更高，256 色或更多。

4）处理器：1.6GHz 及以上。

5）内存：1GB 以上。

6）硬盘空闲空间：1.5GB 以上。

7）PDF 文件的显示：Adobe Acrobat Reader 5.0 或更高版本。

二、WinCC flexible 的操作界面

1. 菜单和工具栏

菜单和工具栏是大部分软件应用的基础，通过操作了解菜单中的各种命令和工具栏中的各个按钮是很重要的。与大部分软件一样，菜单中浅灰色的命令和工具栏中的浅灰色的按钮在当前条件下不能使用。例如，只有在执行了"编辑"菜单中的"复制"命令后，"粘贴"命令才会由浅灰色变成黑色，表示可以执行该命令。

2. 项目视图

如图 3-1 所示，左侧是项目视图，包含了可以组态的所有元件。生成项目时自动创建了一些元件，如名为"画面 _1"的画面和模板。

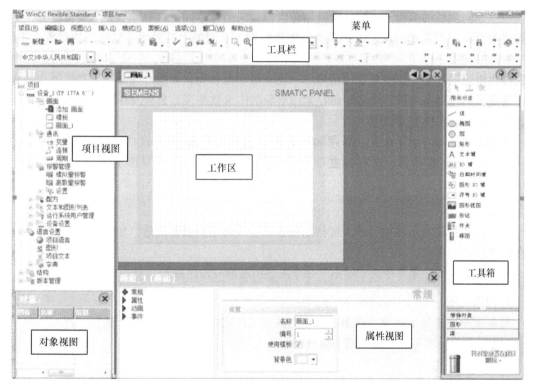

图 3-1　操作界面

项目中各组成部分在项目视图中以树形结构显示，分为项目、HMI 设备、文件夹和对象四个层次。项目视图的使用方式与 Windows 的资源管理器相似。

每个编辑器的子元件用文件夹以结构化的方式保存对象。在"项目"栏中，还可以访问 HMI 设备的设置、语言设置和版本管理。

3. 工作区

用户在工作区编辑项目对象，除了工作区之外，可以对其他窗口（如项目视图和工具箱等）进行移动、改变大小和隐藏等操作。工作区上的编辑器标签处最多可以同时打开 20 个编辑器。

4. 属性视图

属性视图用于设置在工作区中选取的对象的属性，输入参数后按回车键生效。属性窗口一般在工作区的下面。

在编辑画面时，如果未激活画面中的对象，在属性对话框中将显示该画面的属性，可以对画面的属性进行编辑。

5. 工具箱中的对象

工具箱中可以使用的对象与 HMI 设备的型号有关。

工具箱包含过程画面中需要经常使用的各种类型对象，如图形对象或操作员控制元件。工具箱还提供许多库，这些库包含许多对象模板和各种不同的面板。

可以用"视图"中的"工具"命令显示或隐藏工具箱视图。

根据当前激活的编辑器不同，工具箱包含的对象组也不同。打开"画面"编辑器时，工具箱提供的对象组有简单对象、增强对象、图形和库。不同的人机界面可以使用的对象也不同。简单对象中有线、折线、多边形、矩形、文本域、图形视图、按钮、开关和 IO 域等对象。增强对象提供增强的功能，这些对象的用途之一是显示动态过程，如配方视图、报警视图和趋势图等。库是工具箱视图元件，使用于储存常用对象的中央数据库。只需对库中储存的对象组态一次，以后便可以多次重复使用。

WinCC flexible 的库分为全局库和项目库。全局库存放在 WinCC flexible 库文件中，全局库可用于所有的项目，它存储在项目的数据库中，可以将项目库中的元件复制到全局库中。

6. 输出视图

输出视图用来显示在项目投入运行之前自动生成的系统报警信息，如组态中存在的错误等会在输出视图中显示。

可以用"视图"菜单中的"输出"命令来显示或隐藏输出视图。

7. 对象视图

对象视图用来显示在项目视图中指定的某些文件或编辑器中的内容，执行"视图"菜单中的"对象"命令，可以打开或关闭对象视图。

三、系统要求

1）对于多语言组态，应使用支持多语言的操作系统版本。

2）除了 WinCC flexible，Windows 也需要一定的空闲硬盘空间，为附加空闲内存留出足够裕量，例如用于页面文件。

3）软驱用于 WinCC flexible 工程软件传送授权。

4）光驱和软件光盘用于软件的安装。

任务描述

随着工业控制行业的发展，触摸屏在工业上的应用越来越广泛。本次任务是学习西门子 WinCC flexible 软件的安装，并创建触摸屏界面，完成通信与调试。

任务实施

一、WinCC flexible 的安装与启动

步骤 1：当插入产品光盘后，安装程序一般会自动运行。如果安装程序没有自动启动，双击光盘中的 "setup.exe" 文件，如图 3-2 所示。

图 3-2　安装过程 1

步骤 2：如图 3-3 所示，在 "产品注意事项" 对话框中，单击 "下一步" 继续安装，单击 "是……" 可查看程序安装的注意事项，单击 "退出" 则退出安装程序。

步骤 3：如图 3-4 所示，阅读并接受授权协议的条款，单击 "下一步"。

步骤 4：在 "要安装的程序" 对话框中，单击 "下一步"，如图 3-5 所示。

步骤 5：在 "安装类型" 对话框中，选择 "典型" 安装，如图 3-6 所示。

步骤 6：安装需要重新启动系统，如图 3-7 所示。重新启动时，应将 WinCC flexible 安装光盘留在光盘驱动器中。计算机重新启动后，登录系统以继续安装。安装完成后安装程序会重新配置系统，该过程需要几分钟。

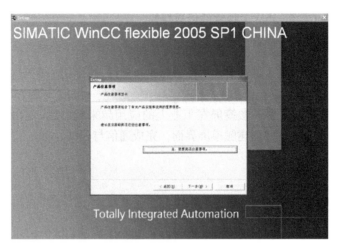

图 3-3　安装过程 2

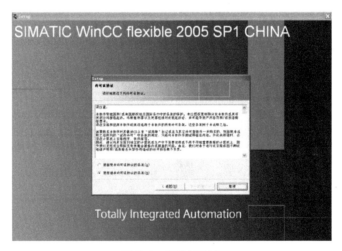

图 3-4　安装过程 3

图 3-5　安装过程 4

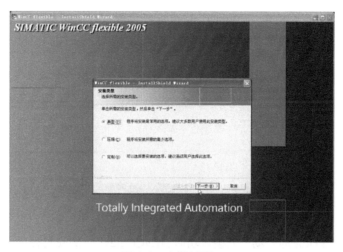

图 3-6　安装过程 5

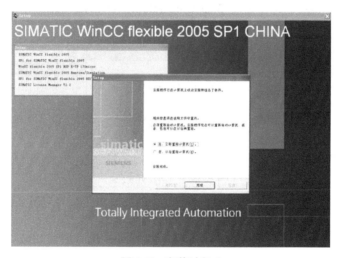

图 3-7　安装过程 6

步骤 7：如果用户还安装了需要授权的选件，则安装程序将会在安装完成后要求传送授权，此时用户可遵循授权对话框的指示操作将授权从磁盘传送到 PC 的硬盘驱动器，也可在以后通过运行 Automation License Manager（自动化授权管理器）来传送授权。

步骤 8：安装成功并重新启动 Windows 系统后，任务栏将显示 WinCC flexible 图标和 Microsoft SQL Server Desktop Engine（MSDE，微软桌面数据库引擎）图标。

WinCC flexible 的默认设置为开机自动初始化，这样可以加快 WinCC flexible 的启动速度。如果想关闭此设置，可单击自动启动菜单中的"禁用"，如图 3-8 所示。

图 3-8　安装过程 7

如图 3-9 所示，由于 MSDE 为 WinCC flexible 提供数据存储服务，因此不要随意更改其设置，否则 WinCC flexible 将无法正常启动。

图 3-9　安装注意事项

步骤 9：WinCC flexible 的启动。安装成功后，WinCC flexible 的安装程序会在 Windows "开始"菜单的 "SIMATIC"中添加一些快捷方式，在开始菜单中选择 "SIMATIC" → "WinCC flexible 2005" → "WinCC flexible"，即可启动 WinCC flexible，如图 3-10 所示。

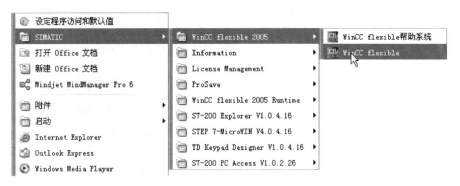

图 3-10　从开始菜单启动

如图 3-11 所示，单击任务栏 WinCC flexible 启动菜单中的 "启动 SIMATIC WinCC flexible"项，即可启动 WinCC flexible。

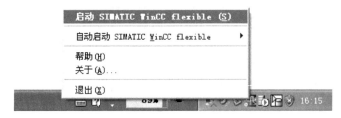

图 3-11　任务栏中启动

如果还需要更加深入地了解安装过程，可查阅西门子相关手册。

二、建立触摸屏与 PC 的通信

步骤 1：确定触摸屏型号为西门子 TP177A。

步骤 2：确定触摸屏与 PC 的硬件连接方式为 USB。

三、WinCC flexible 组态

步骤 1：在 PC 桌面上单击 WinCC flexible 图标（见图 3-12）启动软件。

图 3-12　PC 桌面上的 WinCC flexible 图标

步骤 2：创建一个空项目，如图 3-13 所示。

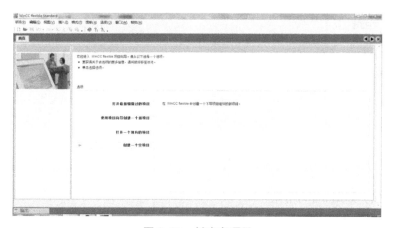

图 3-13　创建空项目

步骤 3：选择触摸屏型号，如图 3-14 所示。

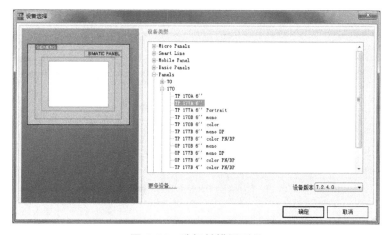

图 3-14　选择触摸屏型号

步骤 4：建立连接。

1）打开连接项目，如图 3-15 所示。

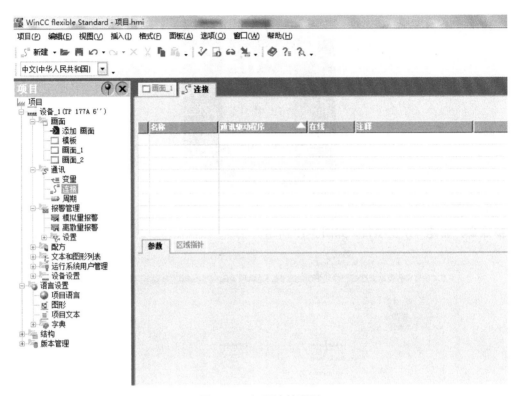

图 3-15　打开连接项目

2）新建连接，如图 3-16 所示。

3）选择通信的 PLC 类型，如图 3-17 所示。

图 3-16　新建连接

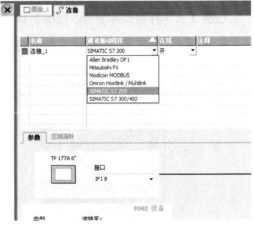

图 3-17　选择 PLC 类型

4）选择与 PLC 一致的波特率，如图 3-18 所示。

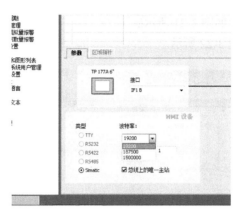

图 3-18　选择波特率

步骤 5：建立变量。

1）打开变量选项，如图 3-19 所示。

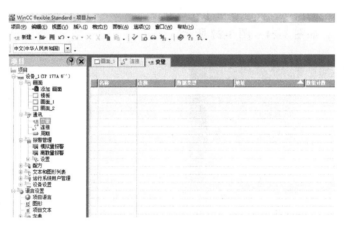

图 3-19　打开变量选项

2）单击空白处新建变量，如图 3-20 所示。

图 3-20　新建变量

3）设置所需要的地址，如图 3-21 所示。

4）选择数据类型，如图 3-22 所示。

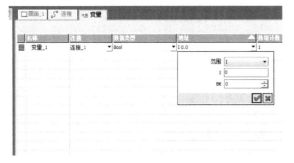

图 3-21　设置地址

图 3-22　选择数据类型

步骤 6：触摸屏开关量的创建（添加按钮）。

1）单击工具栏里的按钮，在触摸屏上生成新按钮，如图 3-23 所示。

2）按钮的设置，如图 3-24～图 3-27 所示。

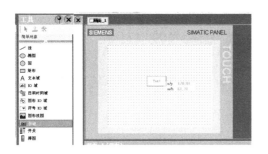

图 3-23　新建按钮

图 3-24　按钮外观和文字的设置

图 3-25　按钮颜色的设置

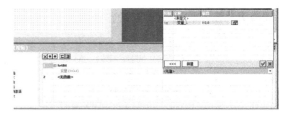

图 3-26　选择变量参数

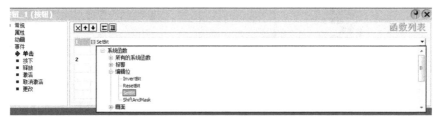

图 3-27　参数功能的设置

步骤 7：多界面的切换。

1）双击添加画面，如图 3-28 所示。

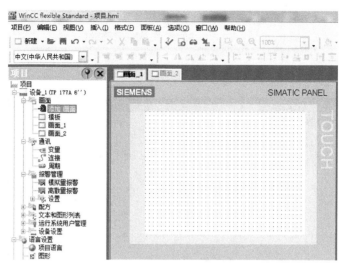

图 3-28 添加画面

2）选择转换画面，如图 3-29 所示。

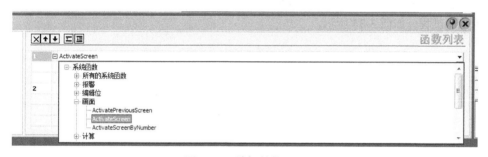

图 3-29 选择转换画面

3）选择需要跳转的画面，如图 3-30 所示。

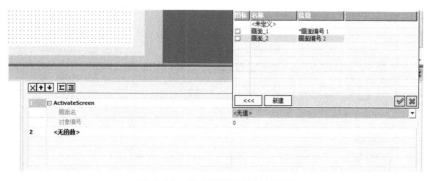

图 3-30 选择需要跳转的画面

步骤 8：触摸屏界面的传输。

1）单击传输图标，如图 3-31 所示。

2）修改通信方式，如图 3-32 所示。

图 3-31　传输图标

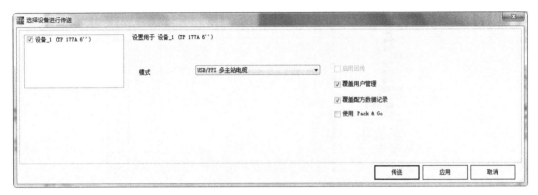

图 3-32　修改通信方式

3）传输开始前的确认，如图 3-33 所示。

4）传输过程，如图 3-34 所示。

图 3-33　传输确认

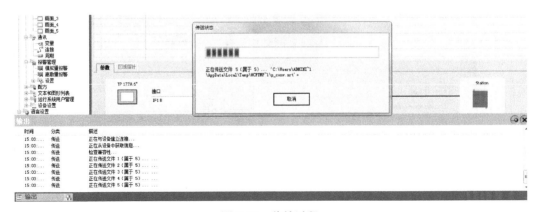

图 3-34　传输过程

5）传输成功，如图 3-35 所示。

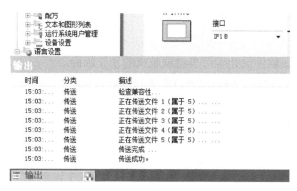

图 3-35　传输成功

四、结果汇报

1）各小组派代表展示小组编写的程序。

2）各小组进行工作岗位的"6S"（整理、整顿、清扫、清洁、安全、素养）管理。小组完成任务后，按照"6S"标准检查工作岗位；归还所借的工（量）具和实习工件。

✍ 任务评价

通过以上学习，根据任务实施过程，将完成任务情况记入表 3-1 中，完成任务评价。

表 3-1　学习任务评价

班级		姓名			学号		日期	年　月　日
学习任务名称：								
自我评价	1	是否能理解任务要求	□是	□否				
	2	是否会安装 WinCC flexible 软件	□是	□否				
	3	是否会创建触摸屏界面	□是	□否				
	4	是否会建立触摸屏与 PC 的通信	□是	□否				
	你在完成任务的时候，遇到了哪些问题？你是如何解决的？							
小组评价	1	在小组讨论中能积极发言	□优	□良	□中	□差		
	2	能积极配合小组成员完成工作任务	□优	□良	□中	□差		
	3	在查找资料信息中的表现	□优	□良	□中	□差		
	4	能够清晰表达自己的观点	□优	□良	□中	□差		
	5	安全意识与规范意识	□优	□良	□中	□差		
	6	遵守课堂纪律	□优	□良	□中	□差		
	7	积极参与汇报展示	□优	□良	□中	□差		
教师评价	综合评价等级： 评语： 教师签名：　　　　　　年　月　日							

任务拓展

利用 WinCC flexible 软件设计银行自动取款机的动作画面。

提示：可根据银行自动取款机的取款过程进行画面设计。

? 想一想
　　1. 在用 WinCC flexible 软件进行组态时，发现所选择触摸屏型号与实际触摸屏型号不对时应如何修改？
　　2. 建立多界面切换时，要注意哪些问题？

任务小结

触摸屏是自动化生产线上重要的输入设备，可实现自动化生产线模块的实时监控。在触摸屏的建屏过程中，一定要使 PLC 程序中的输入、输出点与触摸屏的输入、输出点相匹配。在应用 WinCC flexible 组态时，一定要注意触摸屏型号、通信端口、传输速度、波特率等关键信息，以保证 WinCC flexible 软件与触摸屏设备的正常通信。

课后练习

请用 WinCC flexible 软件创建下面 5 个触摸屏界面（见图 3-36），要求触摸屏之间可以相互转换，触摸屏界面设计要美观合理。

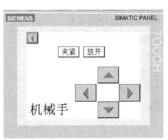

图 3-36　界面转换练习

任务 2　WinCC flexible 循环灯的控制

任务引领

本任务通过一个循环灯控制项目，学习 WinCC flexible 基本组态技术的应用。本次任务是用 WinCC flexible 软件完成循环灯的界面创建与监控，利用触摸屏控制循环灯的 PLC 程序，通过观察触摸屏界面灯的循环运行情况，完成循环灯 PLC 程序的检测与调试。所采用触摸屏的型号是西门子 TP177A。

学习目标

（1）会根据任务要求利用 WinCC flexible 软件创建触摸屏界面。
（2）会设计循环灯的 PLC 控制程序。
（3）能实现 WinCC flexible 软件对 PLC 运行程序的监控。
（4）会调试循环灯 PLC 程序。
建议学时： 8 学时。
内容结构：

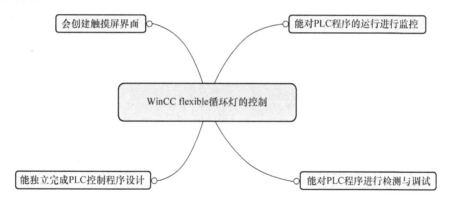

知识链接

WinCC flexible 的一些主要功能模块如下：

1. 图形编辑器

图形编辑器是一个基于向量的绘图程序，它支持 16 层画面的组态，使用起来方便高效。其功能包括准定位、排列、旋转和镜像、发送图形对象属性等，还能对对象进行编组、建立对象库，以及应用 BMP、WMF、EMF 格式文件或通过 OLE 等引入或镶嵌外部编辑图形和文本。

对于编组对象，图形编辑器可以不拆开编组对象就能直接修改编组中个别对象的属性。

用户可以动态控制所有图形的外观、颜色、样式等属性，都可以通过变量或脚本直接寻址来更改。

已经生成的对象储存在对象库中，从对象库可以随时调用对象。WinCC flexible 将对象库分为全局对象库和专用对象库，还提供一个功能库组态动作。全局对象库还包括各种各样的按主题分类的预制对象。专门项目库是针对每个专门对象库建立的。当通过 WinCC flexible 浏览器切换图形中的用户界面时，系统同时切换对象名称、对象组及用户定义的接口参数。

对象库中的对象可以以文件名的方式或以图标的方式列出，用户可以应用 Windows 的相应操作将其组态到过程画面中。

2. 用户管理器

用户管理器是用户及其访问权限的管理工具。

3. 通信通道

通信通道用于连接不同的控制器。

4. 标准接口

标准接口用于与其他 Windows 应用程序的开放集成。

5. 编程接口

编程接口用于单独访问 WinCC flexible 的数据和功能，可集成到特定的用户程序中。

任务描述

编写循环灯的 PLC 控制程序，要求如下：在触摸屏上按下启动按钮后，第 1 盏灯亮 1s 后熄灭，接着第 2 盏灯亮 1s 后熄灭，再接着第 3 盏灯亮 1s 后熄灭，依次闪烁，如此循环；当在触摸屏上按下停止按钮后，3 盏灯都熄灭。

任务实施

一、程序设计

步骤 1：运用 WinCC flexible 创建新项目，与 S7-200 PLC 建立连接，建立 5 个变量分别对应启动按钮、停止按钮和 3 盏灯。

步骤 2：在项目中生成新画面，组态启动按钮、停止按钮各 1 个，灯 3 盏。要求按下启动按钮时，实现 3 盏灯的循环点亮，当按下停止按钮时实现 3 盏灯的熄灭。

步骤 3：把 WinCC flexible 项目下载至触摸屏中。项目参考画面如图 3-37 所示。

步骤 4：编写 PLC 控制程序，如图 3-38 所示。

其中，M0.0 为触摸屏上的启动按钮，M0.1 为触摸屏上

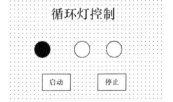

图 3-37　循环灯控制项目参考画面

的停止按钮，Q0.0、Q0.1、Q0.2 分别控制 3 盏灯。此程序可以实现当 M0.0 接通一个脉冲时，Q0.0 接通 1s 后断开，然后接着 Q0.1 接通 1s 后断开，再接着 Q0.2 接通 1s 后断开，如此循环。当 M0.1 接通一个脉冲时，Q0.0、Q0.1、Q0.2 都断开。

程序编写完成后，对程序进行编译，在程序编译无错误时，就可以把程序下载至 PLC 中，

若无法下载，则需要重新设置通信连接。

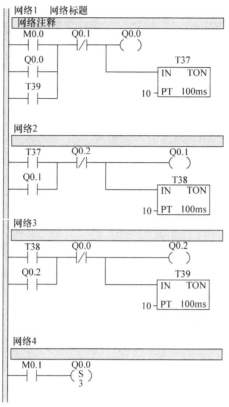

图 3-38　PLC 控制程序

步骤 5：建立与 PLC 的连接。

1）如图 3-39 所示，新建项目。

2）如图 3-40 所示，进行参数的设置。

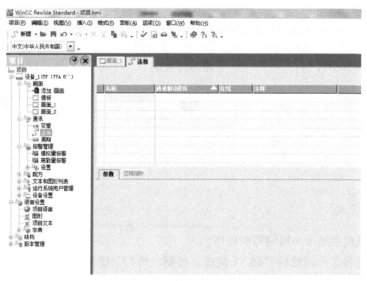

图 3-39　新建项目

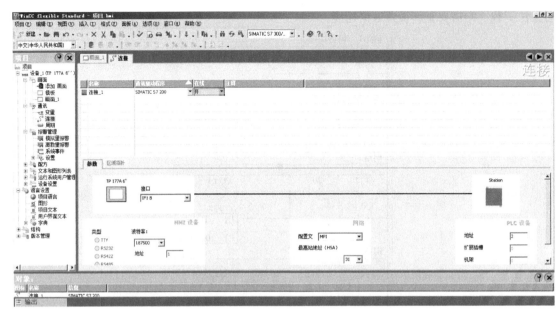

图 3-40　参数设置

注意：PLC 的通信波特率和地址，应与 PLC 系统模块中的波特率和地址一致，否则会造成通信失败。

步骤 6：触摸屏与 PLC 的通信和联机运行。

用一条标准的交叉网线把 PC 与触摸屏进行连接，用一条标准的 SIMATIC MPI 通信线把触摸屏与 S7-200 PLC 连接起来。网线的作用是把 PC 中的 WinCC flexible 组态项目下载至触摸屏。MPI 通信线的作用是项目运行时在触摸屏与 PLC 之间进行数据通信。

步骤 7：触摸屏监控。

在触摸屏上按下启动按钮 M0.0，通过触摸屏监控 PLC 程序运行情况，具体监控画面如图 3-41 所示。在触摸屏上按下停止按钮 M0.1，循环灯停止运行。

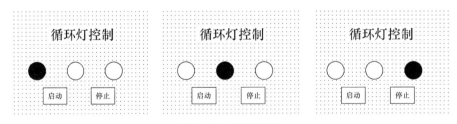

图 3-41　监控画面

二、结果汇报

1）各小组派代表展示小组编写的程序。

2）各小组进行工作岗位的"6S"（整理、整顿、清扫、清洁、安全、素养）管理。小组完成任务后，按照"6S"标准检查工作岗位；归还所借的工（量）具和实习工件。

任务评价

通过以上学习，根据任务实施过程，将完成任务情况记入表 3-2 中，完成任务评价。

表 3-2　学习任务评价

班级		姓名		学号		日期	年　月　日
学习任务名称：							

自我评价	1	是否会根据任务利用 WinCC flexible 软件创建触摸屏界面	□是　　　□否
	2	是否会编写循环灯 PLC 控制程序	□是　　　□否
	3	是否能实现 WinCC flexible 软件对 PLC 程序运行的监控	□是　　　□否
	4	是否会对循环灯 PLC 程序进行检测与调试	□是　　　□否
	你在完成任务的时候，遇到了哪些问题？你是如何解决的？		

小组评价	1	在小组讨论中能积极发言	□优　　□良　　□中　　□差
	2	能积极配合小组成员完成工作任务	□优　　□良　　□中　　□差
	3	在查找资料信息中的表现	□优　　□良　　□中　　□差
	4	能够清晰表达自己的观点	□优　　□良　　□中　　□差
	5	安全意识与规范意识	□优　　□良　　□中　　□差
	6	遵守课堂纪律	□优　　□良　　□中　　□差
	7	积极参与汇报展示	□优　　□良　　□中　　□差

教师评价	综合评价等级： 评语： 教师签名：　　　　　　年　月　日

任务拓展

在触摸屏上监控运料小车自动往返运行情况，任务要求如下：

1）按下启动按钮，运料小车在 1 号仓装料 10s 后，从 1 号仓送料到 2 号仓，停留 5s 卸料，然后空车返回到 1 号仓，停留 10s 装料，依此循环。

2）按下停止按钮，运料小车卸完料后，回到 1 号仓后停止下来。

3）编写 PLC 控制程序。

4）在触摸屏上监控运料小车的运行情况，并对 PLC 控制程序进行完善与修改。

PLC 与触摸屏通信失败时，通常的原因是什么？

任务小结

触摸屏是自动化生产线上重要的输入设备，可实现自动化生产线模块的实时监控。在触摸屏的建屏过程中，一定要使 PLC 程序中的输入、输出点与触摸屏的输入、输出点相匹配。在进行 PLC 程序调试过程中，要注意观察触摸屏上输出指示灯的变化情况，判断程序是否满足 PLC 控制的要求。

课后练习

现有 3 盏指示灯，要求在触摸屏上按下启动按钮后，每隔 1s 启动 1 盏灯，3 盏灯全部亮 1s 后，全部熄灭 1s，如此循环运行；在触摸屏上按下停止钮时，3 盏灯全部熄灭。请完成 PLC 的控制编程，并在触摸屏上对设计程序进行监控。

任务 3　WinCC flexible 交通灯的控制

任务引领

本次任务是通过 PLC 程序实现对交通灯的控制。通过本任务的学习，巩固 WinCC flexible 的组态过程以及监控与调试方法，提高比较指令、定时器指令应用的能力，熟悉 WinCC flexible 软件的 PLC 程序监控过程。

学习目标

（1）能完成 WinCC flexible 的组态。
（2）能独立设计交通灯的 PLC 控制程序。
（3）会使用 WinCC flexible 软件对 PLC 程序运行进行监控。
（4）学会交通灯 PLC 程序的检测与调试过程。
建议学时：8 学时。
内容结构：

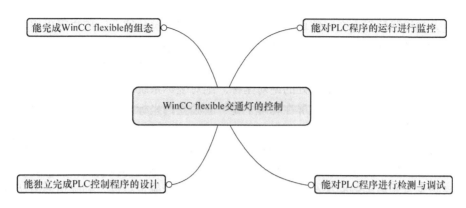

知识链接

一、人机界面概述

人机界面是操作人员与 PLC 之间进行双向沟通的桥梁。很多工业被控对象要求控制系统具有很强的人机界面功能，用来实现操作人员与计算机控制系统之间的数据交换。人机界面用来显示 PLC 的 I/O 状态和各种系统信息，接收操作人员发出的各种命令和设置的参数，并将它们传送到 PLC。

人机界面又称为人机接口，即 HMI。从广义上说，人机界面泛指计算机与操作人员交换信息的设备。在控制领域，人机界面一般特指用于操作人员与控制系统之间进行对话和相互作用的专用设备。

人机界面是按工业现场环境应用来设计的，正面的防护等级为 IP65，背面的防护等级为IP20，坚固耐用，其稳定性和可靠性与 PLC 相当，能在恶劣的工业环境中长时间连续运行，因此人机界面是 PLC 的最佳搭档。

人机界面可以承担以下任务：

1）过程可视化。在人机界面上动态显示过程数据（即 PLC 采集的现场数据）。

2）操作人员对过程的控制。操作人员通过图形界面来控制过程，例如：操作人员可以用触摸屏画面上的输入域来修改系统的参数或者用画面上的按钮来起动电动机等。

3）显示报警。过程处于临界状态时会自动触发报警，当变量超出设定值时会触发报警。

4）记录功能。顺序记录过程值和报警信息。用户可以检索以前的生产数据。

5）输出过程值和报警记录，如可以在某一轮班结束时打印输出生产报表。

6）过程和设备的参数管理。将过程和设备的参数存储在配方中，可以一次性将这些参数从人机界面下载到 PLC，以便改变产品的品种。

使用人机界面时，需要解决画面设计和通信的问题，人机界面生产厂家用组态软件很好地解决了这两个问题。使用组态软件可以很容易地生成人机界面的画面，还可以实现某些动画功能。人机界面用文字或图形动态地显示 PLC 开关量的状态和数字量的数值，通过各种输入方式将操作人员的开关量命令和数字量设定值传送到 PLC。

二、触摸屏的原理

触摸屏是一种直观的操作设备，只要用手指触摸屏幕上的图形对象，计算机便会执行相应的操作，使人和机器的行为变得简单、直接、自然，达到完美的统一。用户可以用触摸屏上的文字、按钮、图形和数字信息等，来处理或监控不断变化的信息。

触摸屏是一种透明的绝对定位系统。首先，它必须是透明的，透明问题是通过材料技术来解决的。其次，它能给出手指触摸处的绝对坐标。绝对坐标系统的特点是每一次定位的坐标与上一次定位的坐标没有关系。触摸屏在物理上是一套独立的坐标定位系统，每次触摸的位置转换为屏幕上的坐标。

触摸屏系统一般包括触摸检测装置和触摸屏控制器两个部分。触摸检测装置安装在显示器的表面，用于检测用户的触摸位置，再将该处的信息传送给触摸屏控制器。触摸屏控制器的主要作用是接收来自触摸检测装置的触摸信息，并将它转换成触点坐标，判断出触摸的意义后发送给 PLC。它同时能接收 PLC 发来的命令并加以执行，如动态地显示开关量和模拟量等。

三、人机界面的功能

人机界面最基本的功能是显示现场设备（通常是 PLC）中开关量的状态和寄存器中数字量的值，用监控画面向 PLC 发出开关量命令，并修改 PLC 寄存器中的参数。

1. 对监控画面组态

"组态"一词有配置和参数设置的意思。人机界面用 PC 上运行的组态软件来生成满足用户要求的监控画面，用画面中的图形对象来实现其功能。用项目来管理这些画面。使用组态软件可以很容易地生成人机界面的画面，用文字或图形动态地显示 PLC 中开关量的状态和数字量的值，通过各种输入方式将操作人员的开关量命令和数字量设定值传送到 PLC。画面的生成是可视化的，一般不需要用户编程。

在画面中生成图形对象后，只需要将图形对象与 PLC 中的存储器地址联系起来，就可以实现控制系统运行时 PLC 与人机界面之间的自动数据交换。

2. 人机界面的通信功能

人机界面具有很强的通信功能，配备多个通信接口，可以使用各种通信接口和通信协议。人机界面能与各主要生产厂家的 PLC 通信，还可以与运行组态软件的 PC 通信。通信接口的数量和种类与人机界面的型号有关，用得最多的是 RS-232C 和 RS-422/485 串行接口，有的人机界面配备 USB 或以太网接口，有的可以通过调制解调器进行远程通信。西门子人机界面的 RS-485 接口可以使用 MPI 和 PROFIBUS-DP 通信协议。有的人机界面还可以实现一台触摸屏与多台 PLC 通信，或者多台触摸屏与一台 PLC 通信。

3. 编译和下载项目文件

编译项目文件是指将建立的画面及设置的信息转换成人机界面可以执行的文件。编译成功后方可下载。为此，首先应在组态软件中选择通信协议，设置计算机侧的通信参数，同时还应通过人机界面上的 DIP（拨码）开关或画面上的菜单设置人机界面的通信参数。

4. 运行阶段的通信

在控制系统运行时，人机界面和 PLC 之间通过通信来交换信息，从而实现人机界面的各种功能。不需要为 PLC 或人机界面的通信编程，只需要在组态软件中和人机界面中设置通信参数，就可以实现人机界面与 PLC 之间的通信了。

任务描述

图 3-42 为十字路口交通灯示意图。该系统的输入信号有一个启动按钮和一个停止按钮，输出信号有东西方向的红灯、绿灯、黄灯和南北方向的红灯、绿灯、黄灯。具体控制要求是：按下启动按钮，交通灯系统将按图 3-43 所示的时序图开始工作，并循环运行；按下停止按钮，所有交通灯熄灭。

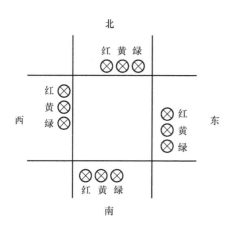

图 3-42 十字路口交通灯示意图

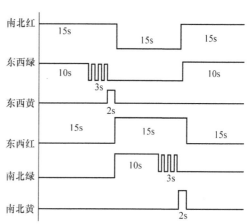

图 3-43 交通灯的时序图

任务实施

一、程序设计

步骤 1：运用 WinCC flexible 创建新项目，项目视图参考画面如图 3-44 所示。

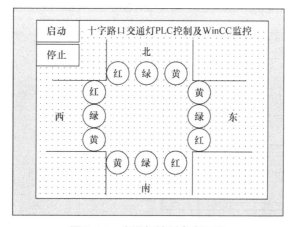

图 3-44 交通灯控制参考画面

步骤 2：画出交通灯 I/O 接线图，如图 3-45 所示。编写交通灯 PLC 控制程序，如图 3-46 所示。

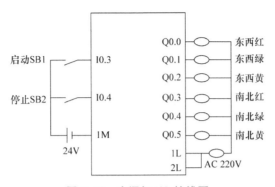

图 3-45　交通灯 I/O 接线图

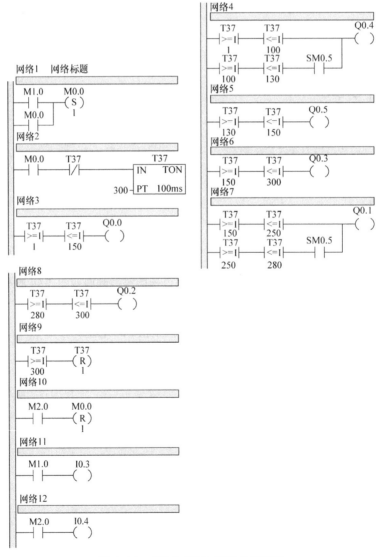

图 3-46　交通灯 PLC 控制参考程序

步骤 3：把 WinCC flexible 项目下载到触摸屏中。

步骤 4：按下启动按钮，在触摸屏上试运行，并通过 WinCC flexible 软件对 PLC 程序运行情况进行监控。

二、结果汇报

1）各小组派代表展示小组编写的程序。

2）各小组进行工作岗位的"6S"（整理、整顿、清扫、清洁、安全、素养）管理。小组完成任务后，按照"6S"标准检查工作岗位；归还所借的工（量）具和实习工件。

✍ 任务评价

通过以上学习，根据任务实施过程，将完成任务情况记入表 3-3 中，完成任务评价。

表 3-3　学习任务评价

班级		姓名		学号		日期	年　月　日		
学习任务名称：									
自我评价	1	是否会根据任务利用 WinCC flexible 软件创建触摸屏界面		□是	□否				
	2	是否会编写交通灯 PLC 控制程序		□是	□否				
	3	是否能实现 WinCC flexible 软件对 PLC 程序运行情况进行监控		□是	□否				
	4	是否会对交通灯 PLC 程序进行检测与调试		□是	□否				
	你在完成任务的时候，遇到了哪些问题？你是如何解决的？								
小组评价	1	在小组讨论中能积极发言		□优	□良	□中	□差		
	2	能积极配合小组成员完成工作任务		□优	□良	□中	□差		
	3	在查找资料信息中的表现		□优	□良	□中	□差		
	4	能够清晰表达自己的观点		□优	□良	□中	□差		
	5	安全意识与规范意识		□优	□良	□中	□差		
	6	遵守课堂纪律		□优	□良	□中	□差		
	7	积极参与汇报展示		□优	□良	□中	□差		
教师评价	综合评价等级： 评语：								
					教师签名：		年　月　日		

任务拓展

将交通灯控制要求改为：

按下启动按钮，交通灯系统按图 3-43 所示的时序图开始工作，将绿灯闪 3s 改为绿灯倒计时 3s，即以 1s 间隔输出 3、2、1 数字，并循环运行；按下停止按钮，所有交通灯熄灭。

想一想

1. 利用 WinCC flexible 软件创建触摸屏界面时要注意哪些问题？
2. 在触摸屏上，操作按钮不能控制 PLC 程序时，通常是什么原因引起的？

任务小结

触摸屏是图形操作终端（GOT）在工业控制中的通俗叫法，这种液晶显示器具有人体感应功能，当手指触摸到触摸屏上的图形时，可以发出操作指令。触摸屏在工业应用中就相当于一个既能显示又能与 PLC 进行通信（实现各种功能）的智能设备。将 PLC 和触摸屏结合使用可以节省很多硬件（如按钮、转换开关、中间继电器、时间继电器等），还可以通过 WinCC flexible 组态软件将整个系统的现场数据集中在触摸屏上加以显示，方便实现监控与调试。

课后练习

利用 WinCC flexible 软件完成多种液体混合控制的组态，具体要求如下：

1）显示课题名称。

2）显示系统日期和时钟。

3）可以任意切换各个画面。

项目描述

　　自动分拣系统能连续、大批量地分拣货物，分拣误差率极低，分拣作业基本实现无人化。自动分拣系统一般由控制装置、分类装置、输送装置及分拣装置组成。自动分拣系统由PLC控制，使用顺序控制指令来编写程序，可以清晰显示系统的每一步动作，方便监控与修改。通过本项目的学习，能够运用顺序控制指令完成送料模块和分拣模块的编程与调试。

任务1 运料小车自动往返控制的编程与调试

任务引领

　　本次任务是认识控制系统的顺序功能图，会把顺序功能图转化成相应的梯形图；能够根据运料小车自动往返系统的工艺要求绘制对应的顺序功能图，完成运料小车自动往返控制的编程与调试。

学习目标

（1）能叙述顺序控制的基本概念。
（2）根据工艺要求绘制顺序功能图。
（3）能根据顺序功能图编写对应的梯形图程序。
（4）完成运料小车自动往返控制程序的调试。
建议学时： 4学时。
内容结构：

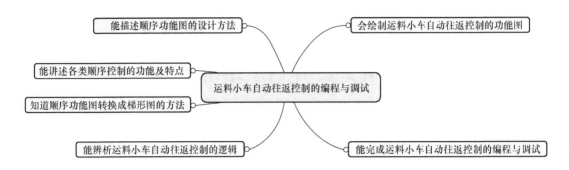

知识链接

一、顺序功能图简介

功能图是按照顺序控制的思想，根据工艺过程和输出量的状态变化，将一个工作周期划分为若干顺序相连的步，在任何一步内各输出量的 ON/OFF 状态不变，但是相邻两步输出量的状态是不同的。所以，可以将程序的执行分成各个程序步，通常用顺序控制继电器的位 S0.0 ~ S31.7 代表程序的状态步。

使系统由当前步进入下一步的信号称为转换条件，又称为步进条件。转换条件可以是外部的输入信号，如按钮、指令开关、限位开关的接通 / 断开等，也可以是程序运行中产生的信号，如定时器、计数器常开触点的接通等，还可能是若干个信号逻辑运算的组合。

一个 3 步循环步进的功能图如图 4-1 所示，图中每个矩形框代表一个状态步，如图中 1、2、3 分别代表程序 3 步的状态。

与控制过程的初始状态相对应的步称为初始步，用双线框表示。

可以分别用 S0.0、S0.1、S0.2 表示上述的 3 个状态步，程序执行到某步时，该步状态位置 1，其余为 0。如执行第一步时，S0.0=1，而 S0.1、S0.2 全为 0。

每步所驱动的负载称为步动作，用矩形框中的文字或符号表示，并用线将该矩形框和相应的步相连。

状态步之间用有向连线连接，表示状态步转移的方向。有向连线上没有箭头标注时，转移方向默认为自上而下、自左而右。有向连线上的短线表示状态步的转换条件。

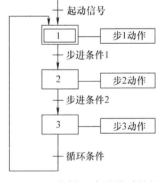

图 4-1　3 步循环步进的功能图

二、顺序功能图的构成规则

1）步与步不能直接相连，必须用转移分开。

2）转移与转移不能直接相连，必须用步分开。

3）步与转移、转移与步之间的连线采用有向连线。画功能图的顺序一般是从上向下或从左到右，正常顺序时可以省略箭头，否则必须加箭头。

4）一个功能图至少应有一个初始步。如果没有初始步，则无法表示初始状态，系统也无法返回等待其他动作的停止状态。

5）功能图一般来说是由步和有向线段组成的闭环，即在完成一次工艺过程的全部操作之后，应从最后一步返回到初始步，并停在初始步。在连续循环工作方式时，应从最后一步返回下一工作周期开始运行的第一步。

如图 4-2 所示，某一冲压机在初始位置是冲头抬起处于高位，按下启动按钮时冲头向工件冲击，到最低位置时触动低位行程开关，然后冲头抬起回到高位，触动高位行程开关，停止运行。

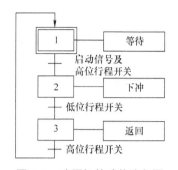

图 4-2　冲压机的功能流程图

三、SCR 指令

顺序控制继电器 SCR 指令专门用于编制顺序控制程序。SCR 指令又分为若干个 SCR 段，一个 SCR 段对应顺序功能图中的一步。

如表 4-1 所示，指令 LSCR 表示一个 SCR 段（即顺序功能图中的步）的开始；指令 SCRE 表示 SCR 段的结束；指令 SCRT 表示 SCR 段之间的转换，即步的活动状态的转换。

表 4-1　顺序控制指令

LAD	STL	说明
S0.0 SCR	LSCR n	步开始指令，为步开始的标志。该步的状态元件的位置 1 时，执行该步
S1.0 —(SCRT)	SCRT n	步转移指令，使能有效时，关断本步，进入下一步。该指令由转换条件的触点启动，"n" 为下一步的顺序控制状态元件
—(SCRE)	SCRE	步结束指令，为步结束的标志

使用 SCR 指令时有如下的限制：不能在不同的程序中使用相同的 S 位；不能在 SCR 段中使用 JMP 及 LBL 指令，即不允许用跳转的方法跳入或跳出 SCR 段；不能在 SCR 段中使用 FOR、NEXT 和 END 指令。

四、顺序功能图的主要类型

1. 单序列

单序列由一系列相继激活的步组成，每一步的后面仅有一个转换，每一个转换的后面只有一个步，如图 4-3 所示。

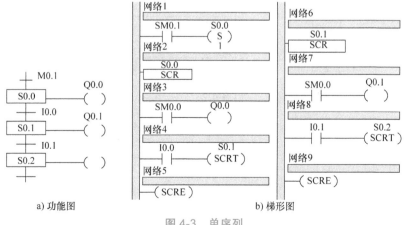

a) 功能图　　　　　　　　　　　　b) 梯形图

图 4-3　单序列

2. 选择序列

一个活动步之后紧接着有几个后续步可供选择的结构形式称为选择序列。选择序列的各个分支都有各自的转换条件，转换条件只能标在水平线之内。选择序列的开始称为分支，选择序列的结束称为分支的合并。选择序列如图 4-4 所示。

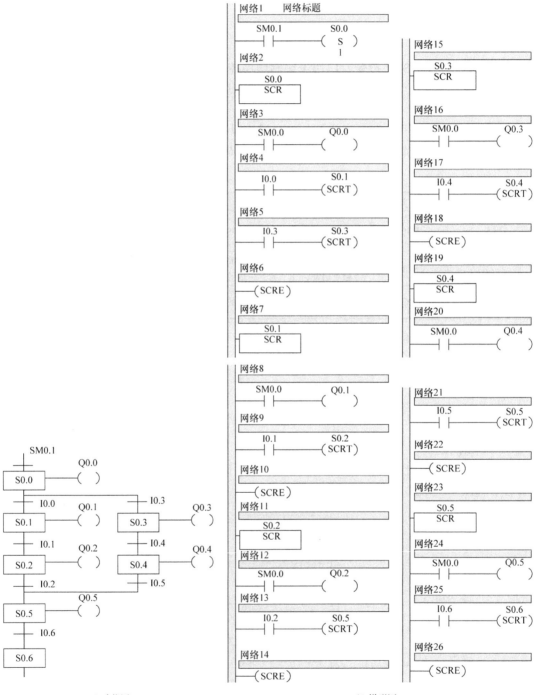

a) 功能图　　　　　　　　　　　　b) 梯形图

图 4-4　选择序列

3. 并行序列

当要实现的转换导致几个分支同时激活时，应采用并行序列，如图 4-5 所示。

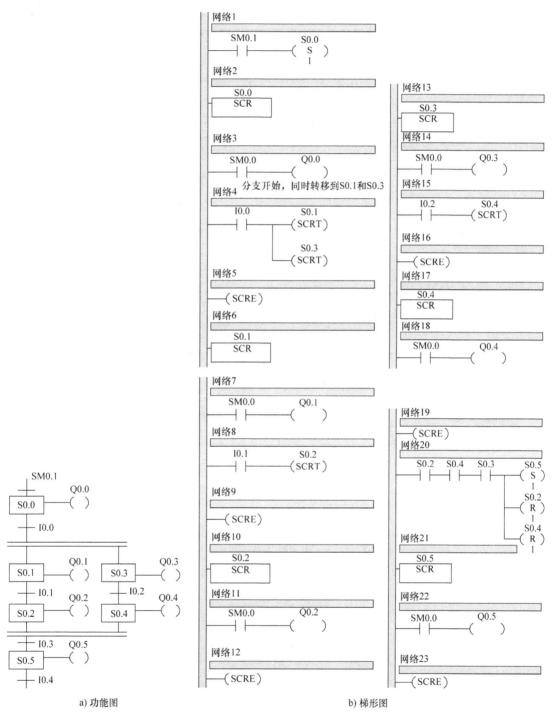

a) 功能图　　　　　　b) 梯形图

图 4-5　并行序列

任务描述

如图 4-6 所示，初始位置时小车停在左边，限位开关 I0.2 为 1 状态，按下启动按钮 I0.0，小车右行，碰到限位开关 I0.1 时停在该处，3s 后开始左行，碰到 I0.2 后停止运行。要求采用功能图的方法编写控制程序。请根据任务实施步骤指引，完成小车两地间自动往返运动控制的编程与调试。

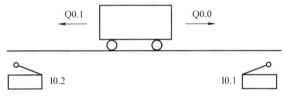

图 4-6　小车两地间自动往返运动示意图

任务实施

一、程序设计

步骤 1： 对照表 4-2 检查设备的 I/O 分配。

表 4-2　小车往返控制的 I/O 分配

输入		输出	
名称	PLC 输入点	名称	PLC 输出点
启动铵钮	I0.0	小车右行	Q0.0
右限位开关	I0.1	小车左行	Q0.1
左限位开关	I0.2		

步骤 2： 绘制功能图，如图 4-7 所示。

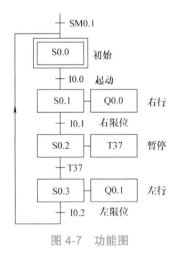

图 4-7　功能图

步骤 3： 将功能图转换为梯形图，如图 4-8 所示。

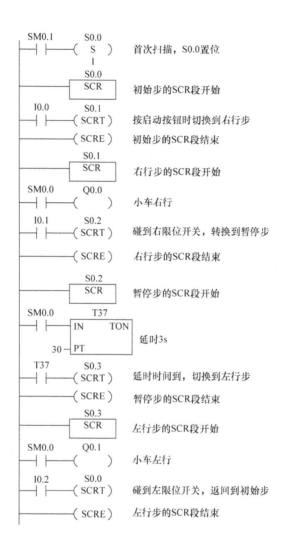

图 4-8　梯形图

步骤 4：将控制程序下载到 PLC 中并进行调试。

二、结果汇报

1）各小组派代表展示小组编写的程序。

2）各小组进行工作岗位的 "6S"（整理、整顿、清扫、清洁、安全、素养）管理。小组完成任务后，按照 "6S" 标准检查工作岗位；归还所借的工（量）具和实习工件。

任务评价

通过以上学习，根据任务实施过程，将完成任务情况记入表 4-3 中，完成任务评价。

表 4-3　学习任务评价

班级			姓名		学号		日期	年　月　日
学习任务名称：								

	1	是否能完成学习任务	□是　　□否
自我评价	2	是否能叙述顺序控制指令的组成及工作方式	□是　　□否
	3	是否会用画图软件画出符合控制要求的功能图	□是　　□否
	4	是否正确完成运料小车自动往返控制的编程与调试	□是　　□否

你在完成任务的时候，遇到了哪些问题？你是如何解决的？

	1	是否能独立完成工作页的填写	□是　　□否		
	2	是否能按时上、下课，着装是否规范	□是　　□否		
	3	学习效果自评等级	□优　　□良　　□中　　□差		

总结与反思：

	1	在小组讨论中能积极发言	□优	□良	□中	□差
	2	能积极配合小组成员完成工作任务	□优	□良	□中	□差
小组评价	3	在查找资料信息中的表现	□优	□良	□中	□差
	4	能够清晰表达自己的观点	□优	□良	□中	□差
	5	安全意识与规范意识	□优	□良	□中	□差
	6	遵守课堂纪律	□优	□良	□中	□差
	7	积极参与汇报展示	□优	□良	□中	□差

教师评价	综合评价等级： 评语： 教师签名：　　　　　　　　　年　月　日

📖 任务拓展

根据本次任务的步骤，完成另一个小车的自动往返控制（见图 4-9），动作要求如下：

1）按下启动按钮 SB（I0.0），小车电动机正转（Q1.0），小车第一次前进，碰到限位开关 SQ1（I0.1）后小车电动机反转（Q1.1），小车后退。

2）小车后退碰到限位开关 SQ2（I0.2）后，小车电动机 M 停转，停 5s 后第二次前进，碰到限位开关 SQ3（I0.3），再次后退。

3）第二次后退碰到限位开关 SQ2（I0.2）时，小车停止。

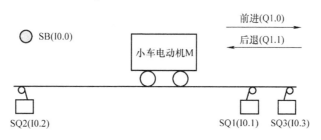

图 4-9 小车工作示意图

 在程序下载过程中是否遇到过非致命错误的提示？这个提示有何意义？

非致命错误是指用户程序结构问题、用户程序指令执行问题或扩展 I/O 模块问题，可以用 STEP 7-Micro/WIN 来得到所产生错误的错误代码。非致命错误有三种基本分类：

1）程序编译错误。当下载程序时，S7-200 PLC 会编译程序，如果 S7-200 PLC 发现程序违反了编译规则，会停止下载并产生一个错误代码（已经下载到 S7-200 PLC 中的程序将仍然在永久存储区中存在，并不会丢失）。可以在修正错误后再次下载程序。

2）I/O 错误。启动时 S7-200 PLC 从每一个模块读取 I/O 配置，正常运行过程中 S7-200 PLC 周期性地检测每一个模块的状态并与启动时得到的配置相比较，如果 S7 - 200 PLC 检测到差别，会将模块错误寄存器中的配置错误标志位置位。除非此模块的组态再次和启动时得到的组态相匹配，否则 S7-200 PLC 不会从此模块中读输入数据或者写输出数据到此模块中。

3）程序执行错误。在程序执行过程中有可能产生错误，这类错误有可能来自使用了不正确的指令或者在执行过程中产生了非法数据，例如一个编译正确的间接寻址指针，在程序执行过程中可能会改为指向一个非法地址。程序执行错误的信息存储在特殊寄存器（SM）标志位中，应用程序可以监视这些标志位。

当 S7-200 PLC 发生非致命错误时，S7-200 PLC 并不切换到 STOP 模式，它仅仅是把事件记录到 SM 存储器中并继续执行应用程序。但是如果用户希望在发生非致命错误时将 CPU 切换到 STOP 模式，可以通过编程来实现。

任务小结

顺序控制的编程方法规范且条理清楚，易于化解复杂控制间的交叉联系，使编程变得容易。因此，许多 PLC 开发商在自己的 PLC 产品中引入了专用的顺序控制编程元件及顺序控制指令。

综上所述，顺序控制的编程方法是：

1）按照被控设备的控制要求设计功能图，功能图应与机械运动的步骤相吻合。

2）按功能图编制梯形图程序。

3）将程序下载到 PLC 进行调试。

课后练习

1. 如图 4-10 所示，某专用钻床用两只钻头同时钻两个孔。开始自动运行之前两个钻头在最上面，上限位开关 I0.3 和 I0.5 为 ON。操作人员放好工件后，按下启动按钮 I0.1，工件被夹紧后两只钻头同时开始工作，钻到由限位开关 I0.2 和 I0.4 设定的深度时分别上行，回到限位开关 I0.3 和 I0.5 设定的起始位置分别停止上行。两个钻头都到位后工件被松开，松放到位后加工结束，系统返回初始状态。

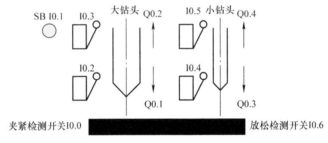

图 4-10　钻床运动示意图

2. 如图 4-11 所示，液体搅拌器的工作过程如下：打开阀 A 向容器中注入液体 A，至中限位时停止阀 A，打开阀 B 注入液体 B，至上限位时停止阀 B，开动搅拌器电动机 M 运行 6min，停止搅拌，打开阀 C 排放混合液体，至下限位延时 5s 关闭阀 C，然后开始下一个循环。

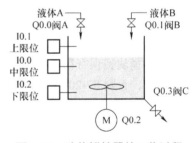

图 4-11　液体搅拌器的工作过程

任务 2　送料模块的编程与调试

👉 任务引领

自动送料机能自动地按规定要求和既定程序进行运作，操作人员只需要确定控制的要求和程序而不用直接操作送料机构，它是可把物品从一个位置送到另一个位置，期间不需要人为干预即可自动准确完成规定动作的机构。自动送料机一般由检测装置和送料装置等组成，主要用于各种材料和工业产品、半成品的输送，也能配合下一道工序使生产自动化。通过本次任务的学习，能够认知各种送料机的应用及特点，熟悉送料模块的结构及元件，并根据任务要求设计送料模块的动作功能图，完成送料模块的编程与调试。

 学习目标

（1）能叙述送料机的应用及分类。

（2）能叙述送料模块的工作原理及组成。

（3）根据任务要求，利用功能图软件画出符合控制要求的功能图。

（4）完成送料模块的编程与调试。

建议学时：8 学时。

内容结构：

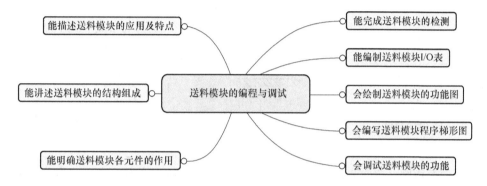

知识链接

一、送料模块的结构及功能

送料模块由储料仓、送料气缸、光纤传感器、磁性开关和固定底座组成。储料仓用于堆放圆形工件，当光纤传感器检测到有工件时，送料气缸模块根据 PLC 的指令，自动将圆形工件推送到变频传送带上。磁性开关用于检测送料气缸是否回缩到位。图 4-12 所示为送料模块的结构。

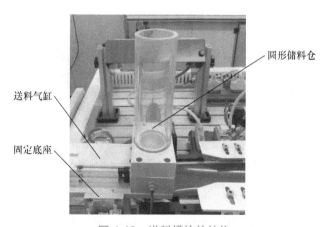

图 4-12　送料模块的结构

二、送料模块相关元件的工作原理

1. 流量控制阀

在气动系统中，经常要求控制气动执行元件的运动速度，这要靠调节压缩空气的流量来实现。用来控制气体流量的阀称为流量控制阀。流量控制阀是通过改变阀的通流截面积来实现流量控制的元件，包括节流阀、单向节流阀和排气节流阀等。

（1）节流阀　节流阀将空气的流通截面积缩小以增加气体的流通阻力，从而降低气体的压力和流量。阀体上有一个调整螺钉，可以调节节流阀的开口度（无级调节）并保持该开口度不变，此类阀称为可调节开口节流阀。

节流阀常用的孔口结构如图 4-13 所示。

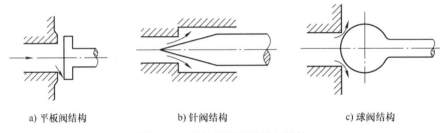

a) 平板阀结构　　　　b) 针阀结构　　　　c) 球阀结构

图 4-13　节流阀常用的孔口结构

（2）单向节流阀　单向节流阀是气压传动系统最常用的速度控制元件，也常称为速度控制阀，它是由单向阀和节流阀并联而成的。节流阀只在一个方向上起流量控制作用，相反方向的气流可以通过单向阀自由流通。利用单向节流阀可以对执行元件每个方向上的运动速度进行单独调节。

如图 4-14 所示，当气流从左侧口进入，单向阀被顶在阀座上，空气只能流向 2 口，流量被节流阀节流口的大小所限制（调节旋钮 1 可以调节节流面积）；当空气从右侧口进入时，推开单向阀自由流到左侧口，不受节流阀限制。

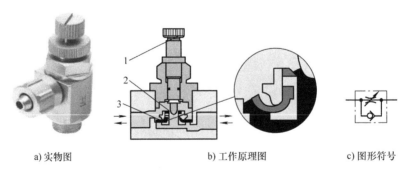

a) 实物图　　　　　b) 工作原理图　　　　c) 图形符号

图 4-14　单向节流阀的实物图、工作原理图和图形符号

1—流量调节旋钮　2—节流口　3—单向密封圈

2. 方向控制阀

方向控制阀用于改变管道内气体或液体流向，从而控制执行元件的启动或停止、改变其运动方向。实际应用中可根据不同的需要将方向控制阀分成若干类别，按控制方式可分为电磁阀、

机械阀、气控阀、人控阀，按工作原理可以分为直动阀和先导阀。本次任务所涉及的主要是电磁换向阀，如图 4-15 所示。

图 4-15　电磁换向阀

电磁换向阀的电磁部件由固定阀芯、动阀芯、线圈等部件组成。电磁换向阀得电时利用线圈产生的电磁力推动阀芯移动，实现各个气路的通断。图 4-16 所示为电磁换向阀的结构及工作原理。

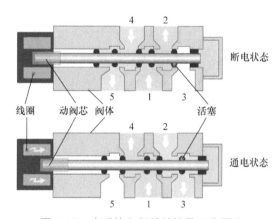

图 4-16　电磁换向阀的结构及工作原理

如图 4-17 所示，当线圈 A 得电、线圈 B 失电时，双电控二位五通阀的动阀芯往右移，此时 1 口和 4 口接通，气缸向前伸出；当线圈 B 得电、线圈 A 失电时，双电控二位五通阀的动阀芯往左移，此时 1 口和 2 口接通，气缸复位。

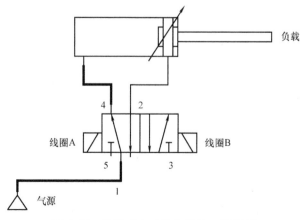

图 4-17　先导式电磁换向阀的工作原理

3. 单作用气缸

气缸的有多种分类方式，按气缸活塞的受压状态可分为单作用气缸和双作用气缸。

单作用气缸只在活塞一侧可以进入压缩空气使其伸出或回缩，另一侧则通过呼吸孔与大气相连，气缸只在一个方向上运动。当单作用气缸有压缩空气时其活塞杆伸出，活塞的反向动作则靠一个复位弹簧或施加外力来实现。图 4-18 所示为单作用气缸的结构及工作原理。

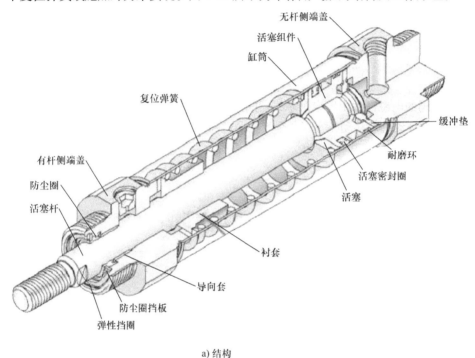

a) 结构

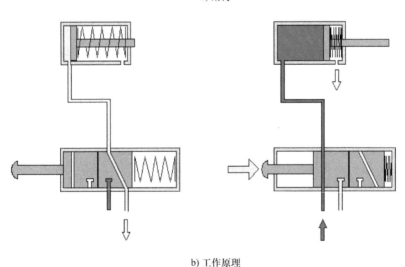

b) 工作原理

图 4-18　单作用气缸的结构及工作原理

4. 光纤传感器

（1）结构与原理　光纤传感器将来自光源的光信号经过光纤送入调制器，使待测参数与进入调制区的光相互作用后，导致光的光学性质（如光的强度、波长、频率、相位和偏振态等）

发生变化，成为被调制的信号源，再经过光纤送入光探测器，经解调后获得被测参数。光纤传感器由光纤检测头、光纤放大器两部分组成，光纤放大器和光纤检测头是分离的两个部分。光纤检测头的尾端部分分成两条光纤，使用时分别插入光纤放大器的两个光纤孔。其安装示意图如图 4-19 所示。

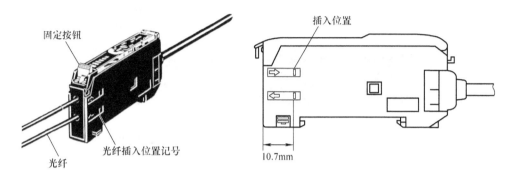

图 4-19　光纤传感器的安装示意图

在送料仓内装有光纤传感器，用于检测仓储系统中是否有工件。当仓储系统中有工件时，光纤传感器将信号传输给 PLC，通过 PLC 程序使送料气缸向前伸出，将工件送至传送带上进行下一步的工作。

（2）安装与调试　E3Z-NA11 型光纤传感器的电路结构框图如图 4-20 所示。接线时应注意根据导线颜色判断电源极性和信号输出线，这里使用的是褐色、黑色、橙色和蓝色线。

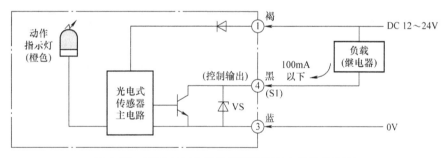

图 4-20　E3Z-NA11 型光纤传感器的电路结构框图

图 4-21 为光纤传感器放大器单元的俯视图。调节其中部的 8 旋转灵敏度高速旋钮进行放大器灵敏度调节，顺时针旋转时灵敏度增大，逆时针旋转时灵敏度减小。调节时，会看到"入光量显示灯"发光情况的变化。当探测器检测到物料时，"动作显示灯"会亮，提示检测到物料。动作状态切换开关的功能是选择受光动作（Light）或遮光动作（Drag）模式。当此开关按顺时针方向充分旋转时（L 侧），则进入检测 ON 模式；当此开关按逆时针方向充分旋转时（D 侧），则进入检测 OFF 模式。

5. 磁性开关

磁性开关是一种非接触式位置检测传感器，这种非接触式位置检测不会磨损或损伤检测对象，响应速度快。磁性开关用于检测磁性物质的存在，当有磁性物质接近磁性开关时，磁性开关动作并输出开关信号。在实际应用中，可在被测物体（如气缸的活塞或活塞杆）上安装磁性物质，在气缸缸筒外面的两端各安装一个磁性开关，就可以用这两个磁性开关分别标记气缸运动的两个极限位置。图 4-22 所示为磁性开关的外形。

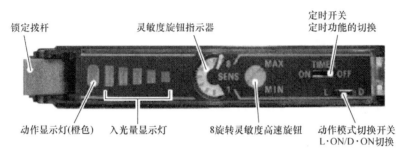

图 4-21　光纤传感器放大器单元的俯视图

在磁性开关上设置有发光二极管（LED），用于显示磁性开关的信号状态，供调试与运行监视时观察。当装有磁性物质的气缸活塞靠近时，磁性开关动作，输出信号为"1"，LED 灯亮；当没有气缸活塞靠近时，磁性开关不动作，输出信号为"0"，LED 灯不亮。

图 4-22　磁性开关的外形

三、编程知识点

计数器利用输入脉冲上升沿累计脉冲个数。S7-200 PLC 有增计数器（CTU）、减计数器（CTD）、增减计数器（CTUD）共三类计数指令。计数器的用法和结构与定时器基本相同，主要由预置值寄存器、当前值寄存器和状态位等组成。图 4-23 所示为计数器指令格式。表 4-4 为操作数说明。

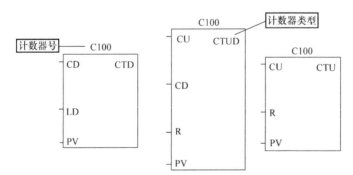

CU：增计数信号输入端
CD：减计数信号输入端
R：复位端
LD：加载输入端
PV：预置值

图 4-23　计数器指令格式

表 4-4　操作数说明

输入 / 输出	数据类型	操作数
Cxxx	WORD	常数（C0 ~ C255）
CU、CD、LD、R	BOOL	I、Q、V、M、SM、S、T、C、L
PV	INT	QW、VW、MW、SMW、SW、LW、T、C、AC、AIW、*VD、*LD、*AC、常数

1. 增计数器（CTU）

每次输入端（CU）从 0 变到 1 时，增计数器（CTU）指令从当前值执行加计数，直至达到最大值。当前值（Cxxx）大于或者等于预设值（PV）时，计数器输出位（Cxxx）为 1。当复位端（R）输入为 1 时，计数器清零。

2. 减计数器（CTD）

CTD 每次输入端（CD）从 0 变到 1 时，减计数器（CTD）指令从当前值执行减计数。当前值等于 0 时，计数器输出位（Cxxx）为 1。当加载输入端（LD）为 1 时，计数器输出位（Cxxx）复位，并且将当前值装入预设值（PV）中。当计数值减小到 0 时，减计数器停止计数。

3. 增减计数器（CTUD）

CTUD 每次加计数的输入端（CU）从 0 变到 1 时，增减计数器（CTUD）指令执行加计数；每次减计数的输入端（CD）从 0 变到 1 时，该指令执行减计数。当计数器的当前值（Cxxx）大于或者等于预设值（PV）时，计数器输出位（Cxxx）为 1。当复位端（R）输入为 1时，计数器清零。增减计数器指令和动作时序图如图 4-24 所示。

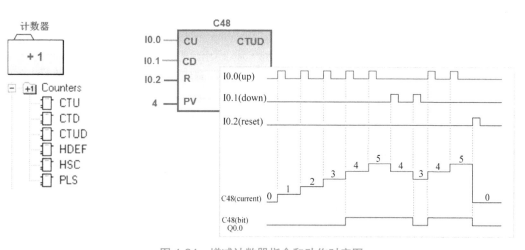

图 4-24　增减计数器指令和动作时序图

✎ 任务描述

送料模块是生产线上的第一个模块，根据企业生产要求，生产线可提供多种送料模式满足企业对产品的需求。本次任务根据送料模块控制要求的不同，分为手动控制送料与自动控制送料两个任务，请根据任务实施步骤指引，完成送料模块的编程与调试。

 任务实施

一、手动送料的编程与调试

具体控制要求如下：

1）设备通电后，如果送料模块的所有执行机构都在原点，则"正常工作"指示灯绿灯常亮，表示设备已准备好；否则，该指示灯应熄灭。

2）将工件存放在送料仓内，按下启动按钮，送料气缸伸出并将一个工件送到传送带上，送料过程中红色指示灯常亮；每送完一个工件，送料气缸便回到初始位置，绿色指示灯常亮。

3）每按一下启动按钮，送料系统只将一个工件送到传送带上，需要再次送料时必须再次按下启动按钮。

4）如果送料过程中出现卡料现象，要求工件不能掉落到传送带上，送料气缸不能缩回到初始位置，送料过程应停止，红色、绿色指示灯同时以 1Hz 频率闪烁，蜂鸣器响起报警。

步骤 1：对照表 4-5 检查设备的 I/O 分配。

表 4-5　送料模块的 I/O 分配

输入		输出	
名称	PLC 输入点	名称	PLC 输出点
启动按钮	I0.3	红灯	Q0.4
停止按钮	I0.4	绿灯	Q0.5
送料气缸后限位	I2.6	传送带	Q0.0
物料检测	I2.7	送料气缸	Q1.6
姿势辨别	I2.1		
传送带末端检测	I2.4		

步骤 2：根据手动送料控制要求，绘制控制过程功能图，如图 4-25 所示。

步骤 3：根据功能图进行控制程序的编写与调试，并做好过程记录。手动送料参考程序如图 4-26 所示。

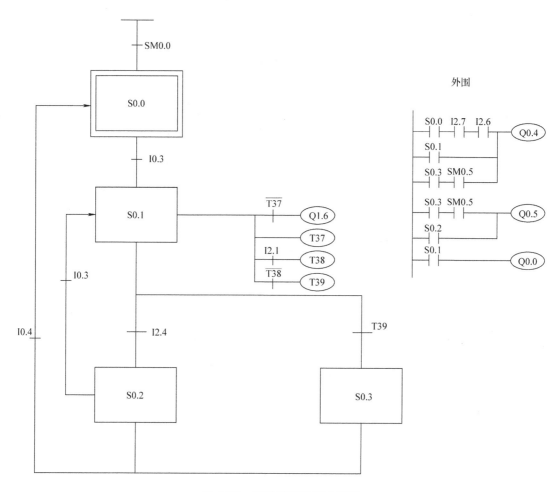

图 4-25　手动送料参考功能图

二、自动送料的编程与调试

具体控制要求如下：

1）设备通电后，如送料模块的所有执行机构都在原点，则"正常工作"绿色指示灯常亮，表示设备已准备好；否则，该指示灯应熄灭。

2）将工件存放在送料仓内，按下启动按钮，送料气缸伸出并将一个工件送到传送带上，每送完一个工件，送料气缸便回到初始位置，间隔 5s 再自动输送下一个工件。送料过程中红色指示灯常亮。

3）每按一下启动按钮，送料系统只将一批（5 个）工件送到传送带上，送完一批工件，绿色指示灯以 1Hz 频率闪烁，如需要再次送料必须再次按下启动按钮。

4）如果送料过程中出现卡料现象，要求工件不能掉落到传送带上，送料气缸不能缩回到初始位置，送料过程应停止，红色、绿色指示灯同时以 1Hz 频率闪烁，蜂鸣器响起报警。

步骤 1：检查设备，完成送料模块 I/O 分配表的填写，见表 4-6。

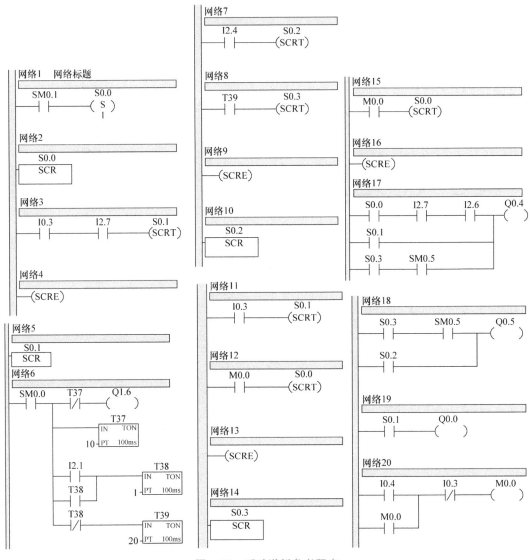

图 4-26　手动送料参考程序

表 4-6　送料模块的 I/O 分配

输入		输出	
名称	PLC 输入点	名称	PLC 输出点

步骤 2：根据自动送料控制要求，绘制控制过程功能图，如图 4-27 所示。

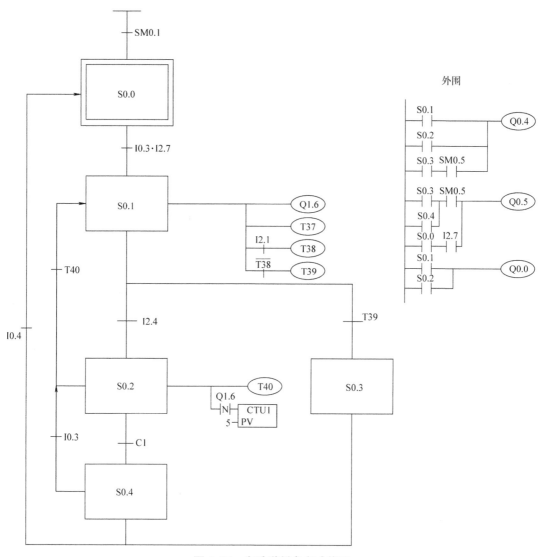

图 4-27　自动送料参考功能图

步骤 3：根据自动送料控制功能图进行控制程序的编写与调试。自动送料参考程序如图4-28所示。

三、结果汇报

1）各小组派代表展示小组编写的程序。

2）各小组进行工作岗位的 "6S"（整理、整顿、清扫、清洁、安全、素养）管理。小组完成任务后，按照 "6S" 标准检查工作岗位；归还所借的工（量）具和实习工件。

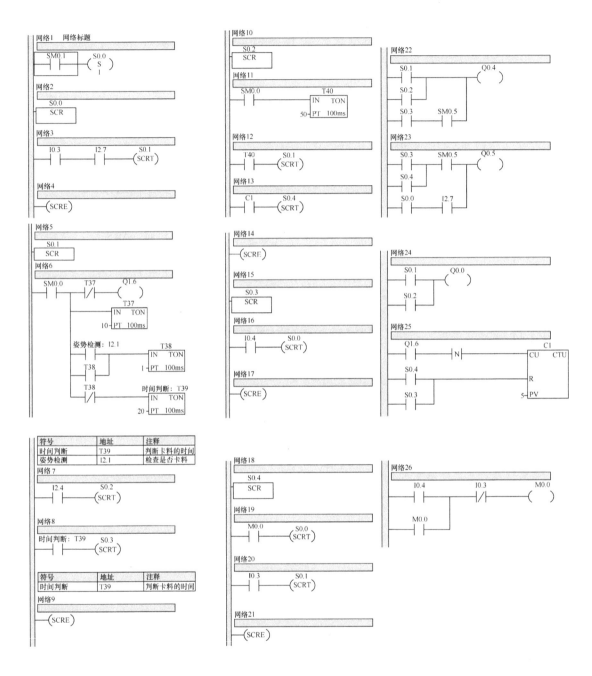

图 4-28　自动送料参考程序

任务评价

通过以上学习，根据任务实施过程，将完成任务情况记入表 4-7 中，完成任务评价。

表 4-7　学习任务评价

班级		姓名		学号		日期	年　月　日

学习任务名称：

自我评价	1	是否能完成学习任务	□是　　□否
	2	是否能叙述送料机的应用及分类	□是　　□否
	3	是否知道送料模块的工作原理及组成	□是　　□否

你在完成第一个任务的时候，遇到了哪些问题？你是如何解决的？

	1	是否会画送料模块两种控制的功能图	□是　　□否
	2	是否正确完成送料模块两种控制要求的编程与调试	□是　　□否

你在完成第二个任务的时候，遇到了哪些问题？你是如何解决的？

	1	是否能独立完成工作页的填写	□是　　□否			
	2	是否能按时上、下课，着装是否规范	□是　　□否			
	3	学习效果自评等级	□优　　□良　　□中　　□差			

总结与反思：

小组评价	1	在小组讨论中能积极发言	□优	□良	□中	□差
	2	能积极配合小组成员完成工作任务	□优	□良	□中	□差
	3	在查找资料信息中的表现	□优	□良	□中	□差
	4	能够清晰表达自己的观点	□优	□良	□中	□差
	5	安全意识与规范意识	□优	□良	□中	□差
	6	遵守课堂纪律	□优	□良	□中	□差
	7	积极参与汇报展示	□优	□良	□中	□差

教师评价	综合评价等级： 评语： 教师签名：　　　　　　年　月　日

📖 任务拓展

若送料仓出现卡料或缺料状态，应用指示灯或触摸屏加以显示，提示操作人员进行处理。请根据以下要求为送料模块设置异常情况指示：

1）正常送料运行期间亮绿灯。

2）送料仓内超过 10s 无料为缺料状态，绿灯以 1Hz 频率闪烁。

3）送料仓内有料，10s 无法执行送料动作为卡料状态，红灯常亮。

任务小结

通过本任务的学习，认识了送料模块的应用、分类、组成和工作原理，学会了 PLC 控制程序编制的方法，并能按照要求进行调试。本任务是自动化生产线模块化编程中的第一个基础模块，在编程与调试过程中，可能会遇到生产线设备（硬件）与程序控制（软件）配合的问题，需要反复修改和调试，为后续整条自动化生产线的控制打下坚实的基础。

课后练习

记录送料模块所使用的传感器、气缸和电磁换向阀的品牌及型号，通过网络调研记录各元件的价格及可替代元件的品牌及型号，记录在表 4-8 中。

表 4-8　送料模块元件型号记录表

元件名称	元件品牌	元件型号	元件价格	可替代品牌	可替代型号

任务 3　分拣模块的编程与调试

任务引领

自动分拣具有连续、批量、误差率低和无人化的特点，由于采用流水线自动作业方式，自动分拣系统不受气候、时间、人的体力等因素的限制，因而在企业生产中得到了广泛应用。本任务要求学习者能够认知分拣模块的应用及特点，熟悉分拣模块的结构及元件，并根据任务要求设计分拣模块的动作功能图，完成分拣模块的编程与调试。

学习目标

（1）能叙述分拣模块的应用及分类。
（2）能叙述分拣模块的工作原理及组成。
（3）根据任务要求，利用功能图软件画出符合控制要求的功能图。
（4）完成分拣模块的编程与调试。
建议学时：8 学时。
内容结构：

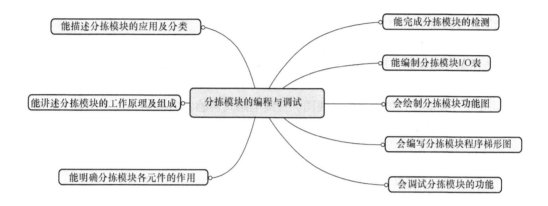

知识链接

一、分拣模块的结构

图 4-29 是分拣模块的结构示意图。分拣模块中配有电感式传感器、电容式传感器和光电式传感器等检测元件，以完成对工件的检测。

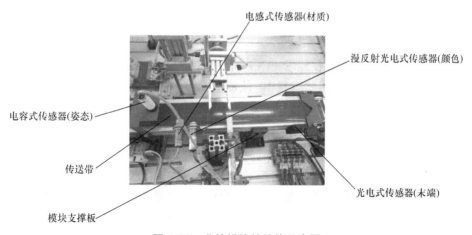

图 4-29　分拣模块的结构示意图

二、分拣模块相关元件

1. 电容式传感器

电容式传感器以各种类型的电容器作为敏感元件，将被测物理量的变化转换为电容量的变化，再由转换电路转换为电压、电流或频率等。

2. 电感式传感器

电感式传感器是利用电磁感应把被测的物理量（如位移、压力、流量、振动等）转换成线圈的自感系数和互感系数的变化，再由电路转换为电压或电流的变化量并输出，实现由非电量到电量的转换。

3. 光电式传感器

光电式传感器（光电开关）是光电接近开关的简称，它利用被检测物对光束的遮挡或反射，由同步回路接通电路，从而检测物体的有无。物体不限于金属，所有能反射光线（或者对光线有遮挡作用）的物体均可以被检测。

图 4-30 为三线电感式传感器的接线图。三线电感式传感器的棕色线接 PLC 输入模块的电源"+"极，蓝色线接 PLC 输入模块的电源"−"极，黑色线接 PLC 的输入点。

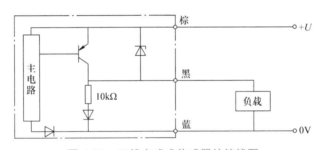

图 4-30　三线电感式传感器的接线图

三、编程知识点

S7-200 PLC 提供了 256 个定时器，具有 1ms、10ms 和 100ms 三种精度。从功能上划分，定时器分为 TON、TONR 和 TOF 三种类型。

1. TON

TON（延时接通定时器）在使能端（IN）输入有效时开始计时，当前值从 0 开始递增，大于或等于预置值时，定时器输出状态置 1。使能端（IN）输入无效（断开）时，定时器复位（当前值清 0，输出状态置 0）。

2. TONR

TONR（Retentive On-Delay Timer，保持型延时接通定时器）在使能端（IN）输入为 1 时开始计时，如果当前值（Txxx）大于或者等于预设值（PT），TONR 输出为 1。当使能端（IN）输入为 0 时，TONR 的当前值保持不变。因此，TONR 可以累积计算多次使能端输入为 1 的时间段。达到预设值时定时器继续计数，直至到达最大值 32767 时定时器才停止计数。

使用复位（R）指令，复位定时器的当前值。

TONR 的工作方式及类型见表 4-9。

表 4-9　TONR 的工作方式及类型

定时器	精度	最大值	定时器编号
TONR	1ms	32767s	T0, T64
	10ms	327670s	T1 ~ T4, T65 ~ T68
	100ms	3276700s	T5 ~ T3, T69 ~ T95

3. TOF

TOF（Off-Delay Timer，延迟断开定时器）指令用于在断开使能端（IN）输入时（即信号为 0），将输出端（TOF）延迟一段固定的时间后断开。当使能端输入为 1 时，TOF 立即接通（即信号为 1），同时将定时器的当前值复位。当使能端输入为 0 时，定时器继续计数，直至经过一段预设的时间为止。达到预设值后，TOF 输出信号为 0 同时当前值停止计数。如果 IN 输入端断开的时间比预设的时间要短，则定时器输出（TOF）保持接通。TOF 指令需要一个下降沿才能开始计数。

TON、TOF 的工作方式及类型见表 4-10。

表 4-10　TON、TOF 的工作方式及类型

定时器	精度	最大计时	定时器编号
TON、TOF	1ms	32.767s	T32、T96
	10ms	327.67s	T33 ~ T36, T97 ~ T100
	100ms	3276.7s	T37 ~ T63, T101 ~ T255

任务描述

分拣模块是生产线上的重要模块，通过程序控制可识别不同材质与姿势的工件。本次任务根据分拣模块不同的控制要求及难易程度分为工件姿势分拣和工件姿势与材质分拣两个任务，请根据任务实施步骤指引，完成分拣模块的编程与调试。

任务实施

一、工件姿势分拣控制的编程与调试

分拣模块中安装的电容式传感器能检测物品的距离，通过工件与传感器之间的距离判断工件的开口方向，具体控制要求如下：

1）设备通电后，如果分拣模块的所有执行机构都在原点，则"正常工作"指示灯绿灯常亮，表示设备已准备好；否则，该指示灯应熄灭。

2）将工件存放在送料仓，按下启动按钮，送料气缸伸出并将一个工件送到传送带上，变频器驱动传动电动机以频率为 30Hz 的速度把工件带往分拣区，"设备运行"红色指示灯常亮。

3）经过姿势传感器检测，开口向下的工件被推料气缸推离传送带，开口向上的工件能传送到传送带的末端，当工件到达传送带末端时传送带停止，红色指示灯以 1Hz 频率闪烁。当人

工取走传送带末端的工件时，设备的一个工作周期结束，恢复"设备运行"状态。

4）如果在运行期间按下停止按钮，该工作单元在本工作周期结束后停止运行。

步骤 1：对照表 4-11 检查设备的 I/O 分配。

表 4-11　手动分拣模块的 I/O 分配

输入		输出	
名称	PLC 输入点	名称	PLC 输出点
启动按钮	I0.3	推料气缸	Q1.5
停止按钮	I0.4	送料气缸	Q1.6
模式 1	I0.7	传送带	Q0.0
姿势传感器	I2.1	红灯	Q0.4
末端传感器	I2.4	绿灯	Q0.5
推料气缸后限位	I2.5		
送料气缸后限位	I2.6		
物料检测信号	I2.7		

步骤 2：根据姿势分拣控制要求，使用功能图软件绘制功能图，如图 4-31 所示。

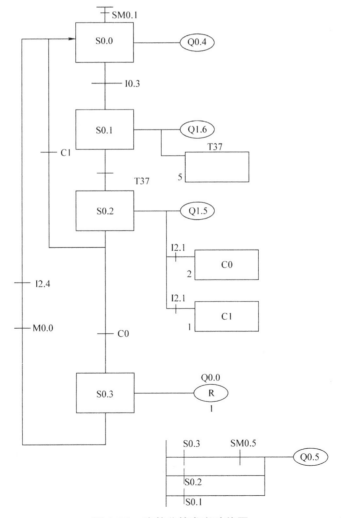

图 4-31　姿势分拣参考功能图

步骤 3：根据姿势分拣功能图进行控制程序的编写与调试，并做好过程记录，如图 4-32 所示。

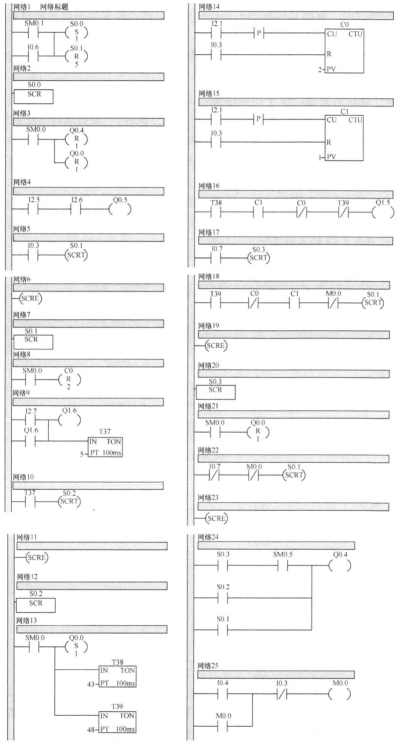

图 4-32　姿势分拣参考梯形图

二、工件姿势及材质分拣控制的编程与调试

分拣模块中安装的电感式传感器能检测金属物体,当金属工件经过时,电感式传感器动作,当塑料工件经过时,电感式传感器不动作,可与电容式传感器组合分辨材质与姿势。具体控制要求如下:

1)设备通电后,如分拣模块的所有执行机构都在原点,则"正常工作"绿色指示灯常亮,表示设备已准备好;否则,该指示灯应熄灭。

2)将工件存放在送料仓,按下启动按钮,送料气缸伸出并将一个工件送到传送带上,变频器驱动传动电动机以频率为30Hz的速度把工件带往分拣区,"设备运行"红色指示灯常亮。

3)经过姿势传感器检测,开口向下的工件被推料气缸推离传送带,开口向上的工件能传送到传送带的末端,当工件到达传送带末端时传送带停止。当末端工件是金属材质时红色指示灯以1Hz频率闪烁,当末端工件是塑料材质时绿色指示灯以1Hz频率闪烁。当人工取走传送带末端工件时,设备的一个工作周期结束,恢复"设备运行"状态。

4)如果在运行期间按下停止按钮,该工作单元在本工作周期结束后停止运行。

步骤1:对照表4-12检查设备的I/O分配。

表 4-12　自动分拣模块的 I/O 分配

输入		输出	
名称	PLC 输入点	名称	PLC 输出点
启动按钮	I0.3	推料气缸	Q1.5
停止按钮	I0.4	送料气缸	Q1.6
急停按钮	I0.6	传送带	Q0.0
模式1	I0.7	红灯	Q0.4
姿势传感器	I2.1	绿灯	Q0.5
金属辨别	I2.2		
末端传感器	I2.4		
推料气缸后限位	I2.5		
送料气缸后限位	I2.6		
物料检测信号	I2.7		

步骤2:根据姿势分拣控制要求,使用功能图软件绘制功能图,如图4-33所示。

步骤3:根据姿势及材质分拣功能图进行控制程序的编写与调试,并做好过程记录,可参考图4-34。

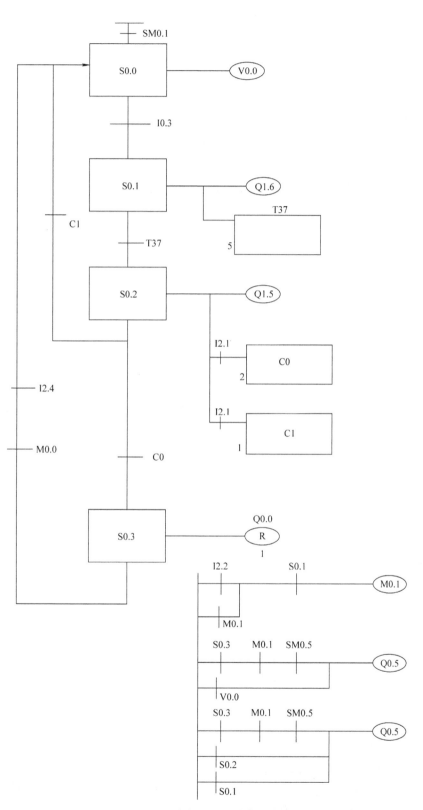

图 4-33　姿势材质分拣参考功能图

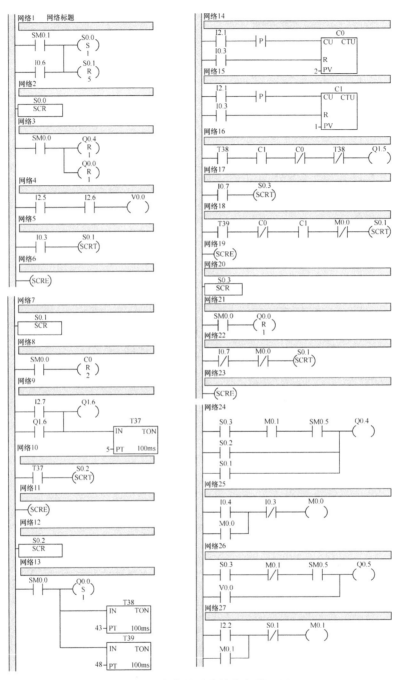

图 4-34　姿势材质分拣参考梯形图

三、结果汇报

1）各小组派代表展示小组编写的程序。

2）各小组进行工作岗位的"6S"（整理、整顿、清扫、清洁、安全、素养）管理。小组完成任务后，按照"6S"标准检查工作岗位；归还所借的工（量）具和实习工件。

✍ 任务评价

通过以上学习，根据任务实施过程，将完成任务情况记入表 4-13 中，完成任务评价。

表 4-13　学习任务评价

班级		姓名		学号		日期	年　月　日
学习任务名称：							
自我评价	1	是否能完成学习任务		□是　　□否			
	2	是否能叙述分拣模块的应用及分类		□是　　□否			
	3	是否会分析分拣模块的工作原理及组成		□是　　□否			
	你在完成第一个任务的时候，遇到了哪些问题？你是如何解决的？						
	1	是否画完分拣模块两种控制的功能图		□是　　□否			
	2	是否正确完成分拣模块两种控制要求的编程与调试		□是　　□否			
	你在完成第二个任务的时候，遇到了哪些问题？你是如何解决的？						
	1	是否能独立完成工作页的填写		□是　　□否			
	2	是否能按时上、下课，着装是否规范		□是　　□否			
	3	学习效果自评等级		□优　　□良　　□中　　□差			
	总结与反思：						
小组评价	1	在小组讨论中能积极发言		□优　　□良　　□中　　□差			
	2	能积极配合小组成员完成工作任务		□优　　□良　　□中　　□差			
	3	在查找资料信息中的表现		□优　　□良　　□中　　□差			
	4	能够清晰表达自己的观点		□优　　□良　　□中　　□差			
	5	安全意识与规范意识		□优　　□良　　□中　　□差			
	6	遵守课堂纪律		□优　　□良　　□中　　□差			
	7	积极参与汇报展示		□优　　□良　　□中　　□差			
教师评价	综合评价等级： 评语： 　　　　　　　　　　　　　　　　　　　教师签名：　　　　　年　月　日						

📖 任务拓展

分拣模块中安装的漫反射光电式传感器能判别工件颜色的深浅，当浅色工件经过时，漫反射光电式传感器动作，当深色工件经过时，漫反射光电式传感器不动作，可与电容式传感器、电感式传感器组合分辨颜色、材质与姿势。请根据控制要求完成程序编写与调试任务。

1）设备通电后，如果分拣模块的所有执行机构都在原点，则"正常工作"绿色指示灯常亮，表示设备已准备好；否则，该指示灯应熄灭。

2）将工件存放在送料仓，按下启动按钮，送料气缸伸出并将一个工件送到传送带上，变频器即启动，驱动传动电动机以频率为 30Hz 的速度把工件带往分拣区，"设备运行"红色指示灯常亮。

3）经过姿势传感器检测，开口向下的工件被推料气缸推离传送带，开口向上的工件能传送到传送带的末端，当工件到达传送带末端时传送带停止。当末端工件是银色时红色指示灯以 1Hz 频率闪烁，当末端工件是白色时绿色指示灯以 1Hz 频率闪烁，当末端工件是黑色时红色、绿色指示灯以 1Hz 频率一起闪烁。当人工取走传送带末端工件时，设备的一个工作周期结束，恢复"设备运行"状态。

4）如果在运行期间按下停止按钮，该工作单元在本工作周期结束后停止运行。

任务小结

通过本任务的学习，认识了分拣模块的应用及分类，懂得了分拣模块的工作原理及组成。根据分拣模块的控制要求，完成控制程序的编写，并能对生产线的分拣模块进行调试，为后续整机调试打好基础。

课后练习

记录分拣模块所使用的传感器、气缸和电磁换向阀的品牌及型号，通过网络调研记录各元件的价格及可替代元件的品牌及型号，记录在表 4-14 中。

表 4-14　分拣模块元件型号记录表

元件名称	元件品牌	元件型号	元件价格	可替代品牌	可替代型号

自动化生产线机械手的编程与调试

5

项目描述

随着生产技术的发展，机械手的应用领域日益扩大，在自动化生产线中起着举足轻重的作用。机械手最早应用于汽车制造领域，由机械手衍生的机器人在工业上得到了广泛应用，如焊接机器人、码垛机器人、搬运机器人、喷涂机器人和装配机器人等，都是机械手在工业上的应用，如图 5-1 所示。

图 5-1　机械手在工业上的应用

根据自动化生产线功能的不同，机械手在外观、大小上有很大的差异，其中最常见的就是搬运机械手与翻转机械手。在本项目中，要学习搬运机械手与翻转机械手两个典型任务的编程与调试。

任务 1　搬运机械手的编程与调试

任务引领

在工业自动化生产中，无论是单机还是组合机床，又或者是自动生产流水线，都要用到机械手来完成工件的取放。对机械手的控制主要是位置识别、运动方向控制和物料是否存在的判别。通过本任务的学习，学习者能够认知各种搬运机械手的作用及特点，根据任务要求设计搬运机械手的动作功能图，编写搬运机械手的动作程序并进行调试。

学习目标

（1）会描述搬运机械手的应用及分类。

（2）能叙述搬运机械手的工作原理及组成。

（3）根据任务要求，利用功能图软件画出符合控制要求的功能图。

（4）完成搬运机械手的编程与调试。

建议学时：8 学时。

内容结构：

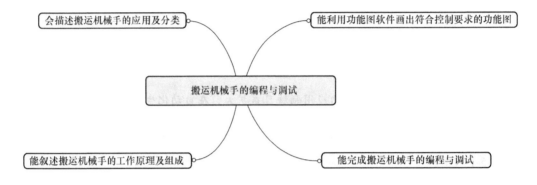

知识链接

一、搬运机械手的结构及功能

当变频传送带机构将工件传送到传送带末端时，末端光电开关检测到工件到位，并将信号反馈给 PLC。搬运机械手在 PLC 程序的驱动下，垂直气缸下降，真空吸盘将工件吸住，最后由无杆气缸移至指定的位置将工件分类放下后返回原点。图 5-2 所示为搬运机械手的结构。

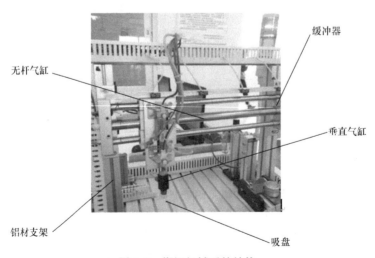

图 5-2　搬运机械手的结构

二、搬运机械手相关元件

1. 双作用气缸

双作用气缸从缸内被活塞分隔成两个腔室，压缩空气可以在两个方向上做功。双作用气缸活塞的往返运动是依靠压缩空气交替进入和排出腔室来实现的。图 5-3 所示为双作用气缸的工作原理。

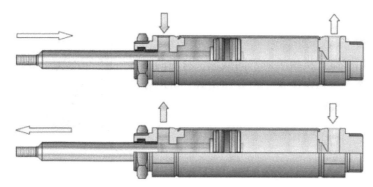

图 5-3 双作用气缸的工作原理

2. 真空发生器

如图 5-4 所示，真空发生器根据喷射器原理产生真空，当压缩空气从进气口 1 流向排气口 3 时，在真空口 2 上就会产生真空。吸盘与真空口 2 连接，利用真空吸力将工件吸起并按系统设定的指令送到相应的位置释放。如果在进气口 1 处无压缩空气，则抽空过程就会停止。

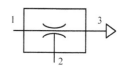

图 5-4 真空发生器

3. 无杆气缸

无杆气缸没有活塞杆，避免了由于活塞杆及杆密封圈损伤带来的故障；活塞两侧受压面积相等，具有同样的推力，有利于提高定位精度，如图 5-5 所示。

4. 磁性开关

当有磁性物质接近时，磁性开关动作并输出信号。在双作用气缸的活塞上装一个磁环，这样就可以用两个磁性开关检测气缸运动的两个极限位置了。

磁性开关可分为有触点式和无触点式两种。本任务所用的磁性开关均为有触点式的，其外形如图 5-6 所示，通过机械触点的动作进行开关的接通（ON）和分断（OFF）。其工作原理如图 5-7 所示。

图 5-5 无杆气缸

图 5-6 磁性开关的外形

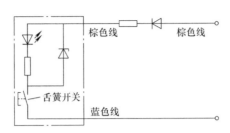

图 5-7　磁性开关的工作原理

5. 三工位仓储

三工位仓储用于搬运机械手对不同颜色、材质的圆形工件进行分类存放，该模块包含三个存储位置，可单独存放不同的工件，如图 5-8 所示。

三、编程知识点

图 5-8　三工位仓储

1. 比较指令

比较指令用于比较两个数据的大小，两个数据的类型必须相同，可比较 4 种数据类型，即字节（B）比较、字整数（I）比较、双字整数（D）比较和实数（R）比较。

如果比较的结果为真，则该触点闭合，否则断开。

比较指令有 6 种运算符，即 ==（等于）、>=（大于或等于）、<=（小于或等于）、>（大于）、<（小于）和 <>（不等于）。图 5-9 所示为比较指令示例。

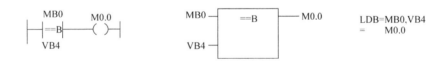

图 5-9　比较指令示例

2. 基本算术运算指令

S7-200 PLC 的指令支持一系列算术功能，所有的指令都具有下列格式：

EN：如果使能输入端 EN 的 RLO = 1，则执行指令。

ENO：如果结果超出相关数据类型的允许范围，则使能输出端 ENO = 0，阻止执行与 ENO 相关的后续程序。

OUT：算术运算结果存储到输出端 OUT 的地址中。

算术运算指令主要包括加法（ADD）、减法（SUB）、乘法（MUL）和除法（DIV）4 种，各运算指令又包括整数（I）、双整数（DI）和实数（R）3 种数据类型，具体如下：

加法指令：ADD_I　整数相加

　　　　　ADD_DI　双整数相加

　　　　　ADD_R　实数相加

减法指令：SUB_I　整数相减

　　　　　SUB_DI　双整数相减

SUB_R　实数相减

乘法指令：MUL_I　整数相乘

MUL_DI　双整数相乘

MUL_R　实数相乘

除法指令：DIV_I　整数相除

DIV_DI　双整数相除

DIV_R　实数相除

基本算术运算指令举例如图 5-10 所示。

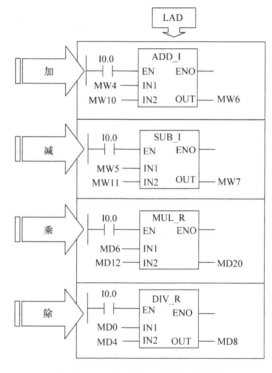

图 5-10　基本算术运算指令举例

✎ 任务描述

搬运机械手是自动化生产线的最后一个模块，根据控制要求将工件搬运到不同的料仓，建议使用功能图编写程序。本次任务根据搬运机械手不同的控制要求及难易程度分为手动送料和自动送料两个任务，请根据任务实施步骤指引，完成搬运机械手的编程与调试。

☝ 任务实施

一、手动送料的编程与调试

具体控制要求如下：

1）设备通电后，如果搬运机械手的所有执行机构都在原点，则"正常工作"绿色指示灯常亮，表示设备已准备好；否则，该指示灯应熄灭。

2）人工将开口向上的工件置于搬运机械手夹指正下方，若设备已准备好，按下启动按钮1，系统启动，搬运机械手将工件吸起放到1号物料仓，然后机械手返回原位。机械手运行过程中"设备运行"红色指示灯常亮。

3）人工将开口向上的工件置于搬运机械手夹指正下方，若设备已准备好，按下启动按钮2，系统启动，搬运机械手将工件吸起放到2号物料仓，然后机械手返回原位。机械手运行过程中"设备运行"红色指示灯常亮。

4）人工将开口向上的工件置于搬运机械手夹指正下方，若设备已准备好，按下启动按钮3，系统启动，搬运机械手将工件吸起放到3号物料仓，然后机械手返回原位。机械手运行过程中"设备运行"红色指示灯常亮。

5）人工将开口向下的工件置于搬运分拣机械手夹指正下方，启动机械手后吸盘气缸不能到达下限位，机械手不能正常工作，自动返回原位，同时红色指示灯以1Hz频率闪烁报警，直至手动按下复位按钮解除报警。

6）机械手完成工件搬运后，"正常工作"绿色指示灯常亮，要搬运下一工件时必须重新按下启动按钮。

7）如果在运行期间按下停止按钮，该工作单元在本工作周期结束后停止运行。

步骤1：对照表 5-1 检查设备的 I/O 分配。

表 5-1　搬运机械手手动控制的 I/O 分配

输入		输出	
名称	PLC 输入点	名称	PLC 输出点
启动按钮 1	I0.3	传送带	Q0.0
启动按钮 2	I0.5	红灯	Q0.4
启动按钮 3	I0.7	绿灯	Q0.5
停止按钮	I0.4	蜂鸣器	Q0.6
急停按钮	I0.6	吸盘左移	Q0.7
工位 3	I1.3	吸盘右移	Q1.0
工位 2	I1.4	吸盘上升	Q1.1
工位 1	I1.5	吸盘下降	Q1.2
工位 4	I1.6	吸盘吸气	Q1.3
吸盘上限位	I1.7	吸盘放气	Q1.4
吸盘下限位	I2.0	推料气缸	Q1.5
推料后限位	I2.5	送料气缸	Q1.6
送料后限位	I2.6		
物料检测	I2.7		
末端检测	I2.4		

步骤 2：根据搬运机械手的手动控制要求使用功能图软件绘制功能图，如图 5-11 所示。

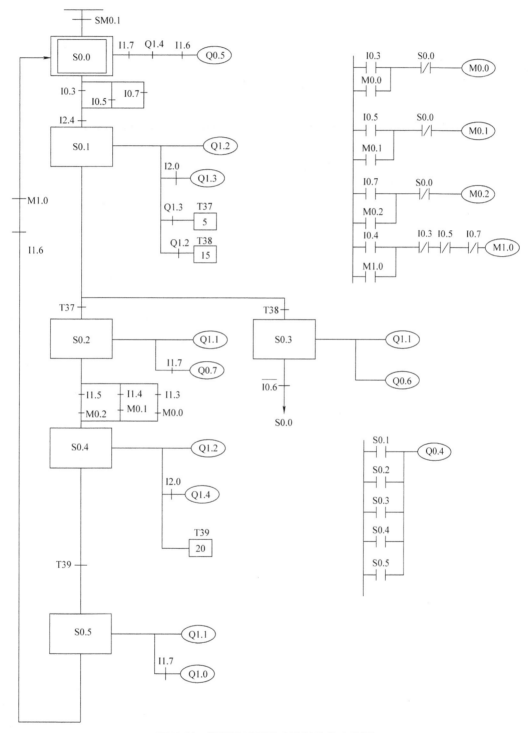

图 5-11 搬运机械手手动控制参考功能图

步骤 3：根据搬运机械手手动控制功能图进行控制程序的编写与调试，并做好过程记录。

二、自动送料的编程与调试

具体控制要求如下：

1）设备通电后，如果搬运机械手的所有执行机构都在原点，则"正常工作"绿色指示灯常亮，表示设备已准备好；否则，该指示灯应熄灭。

2）若设备已准备好，按下启动按钮，系统启动，"设备运行"红色指示灯常亮，变频器驱动传动电动机以频率为 30Hz 的速度把工件带往分拣区。

3）经过姿势传感器检测，开口向下的工件被推料气缸推离传送带，开口向上的工件能传送到传送带的末端，当工件到达传送带末端时，传送带停止。

4）搬运机械手将工件吸起放到 2 号物料仓，然后机械手返回原位。系统循环运行。

5）若开口向下的工件由于故障原因到达传送带末端，会导致吸盘气缸不能到达下限位，机械手因不能正常工作自动返回原位，同时红色指示灯以 1Hz 频率闪烁报警，直至手动按下复位按钮解除报警。

6）如果在运行期间按下停止按钮，该工作单元在本工作周期结束后停止运行。

步骤 1：对照表 5-2 检查设备的 I/O 分配。

表 5-2　搬运机械手自动控制的 I/O 分配

输入		输出	
名称	PLC 输入点	名称	PLC 输出点
启动按钮	I0.3	红灯	Q0.4
停止按钮	I0.4	绿灯	Q0.5
复位按钮	I0.5	蜂鸣器	Q0.6
工位 3	I1.3	传送带	Q0.0
工位 2	I1.4	吸盘左移	Q0.7
工位 1	I1.5	吸盘右移	Q1.0
工位 4	I1.6	吸盘上升	Q1.1
吸盘上限位	I1.7	吸盘下降	Q1.2
吸盘下限位	I2.0	吸盘吸气	Q1.3
姿势辨别	I2.1	吸盘放气	Q1.4
推料后限位	I2.5	推料气缸	Q1.5
送料后限位	I2.6	送料气缸	Q1.6
物料检测	I2.7		
末端检测	I2.4		

步骤 2：根据搬运机械手的自动控制要求使用功能图软件绘制功能图，如图 5-12 所示。

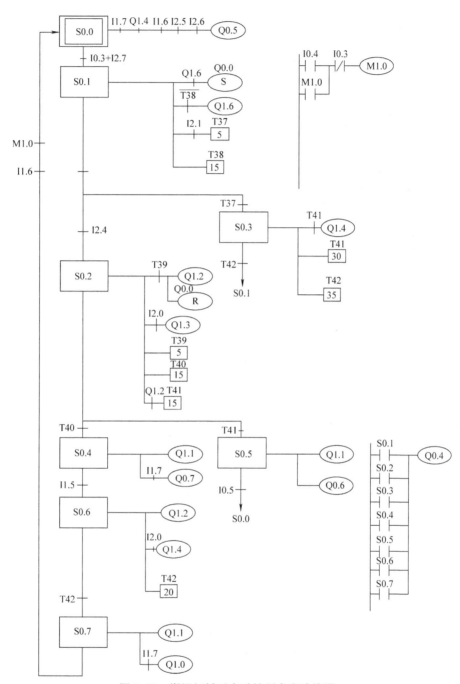

图 5-12 搬运机械手自动控制参考功能图

步骤 3：根据搬运机械手自动控制功能图进行控制程序的编写与调试，并做好过程记录。

三、结果汇报

1）各小组派代表展示小组编写的程序。

2）各小组进行工作岗位的"6S"（整理、整顿、清扫、清洁、安全、素养）管理。小组完成任务后，按照"6S"标准检查工作岗位；归还所借的工（量）具和实习工件。

✎ 任务评价

通过以上学习，根据任务实施过程，将完成任务情况记入表 5-3 中，完成任务评价。

表 5-3　学习任务评价

班级		姓名		学号		日期	年 月 日
学习任务名称：							

自我评价	1	是否能完成学习任务		□是　　□否			
	2	是否能叙述搬运机械手的应用及分类		□是　　□否			
	3	是否知道搬运机械手的工作原理及组成		□是　　□否			
	你在完成第一个任务的时候，遇到了哪些问题？是如何解决的？						
	1	是否会画搬运机械手两种控制的功能图		□是　　□否			
	2	是否正确完成搬运机械手两种控制要求的编程与调试		□是　　□否			
	你在完成第二个任务的时候，遇到了哪些问题？你是如何解决的？						
	1	是否能独立完成工作页的填写		□是　　□否			
	2	是否能按时上、下课，着装是否规范		□是　　□否			
	3	学习效果自评等级		□优　　□良		□中　　□差	
	总结与反思：						
小组评价	1	在小组讨论中能积极发言		□优	□良	□中	□差
	2	能积极配合小组成员完成工作任务		□优	□良	□中	□差
	3	在查找资料信息中的表现		□优	□良	□中	□差
	4	能够清晰表达自己的观点		□优	□良	□中	□差
	5	安全意识与规范意识		□优	□良	□中	□差
	6	遵守课堂纪律		□优	□良	□中	□差
	7	积极参与汇报展示		□优	□良	□中	□差
教师评价	综合评价等级： 评语： 教师签名：　　　　　　　　年　月　日						

📖 任务拓展

根据新的控制要求，完成自动搬运工件的编程与调试。

1）设备通电后，如搬运机械手的所有执行机构都在原点，则"正常工作"绿色指示灯常亮，表示设备已准备好；否则，该指示灯应熄灭。

2）若设备已准备好，按下启动按钮，系统启动，"设备运行"红色指示灯常亮。变频器驱动传动电动机以频率为30Hz的速度把工件带往分拣区。

3）经过姿势传感器检测，开口向下的工件被推料气缸推离传送带，开口向上的工件能通过颜色和材质检测传送到传送带末端，当工件到达传送带末端时，传送带停止。

4）搬运机械手将工件吸起，将黑色工件放到2号物料仓，白色工件放到3号物料仓，银色工件放到4号物料仓，然后机械手返回原位。若有新工件加入，系统循环运行。

5）物料仓最多能存储5个工件，若2号满仓绿色指示灯以1Hz频率闪烁，若3号满仓红色、绿色指示灯同时常亮，若4号满仓红色、绿色指示灯以1Hz频率同时闪烁。

6）若开口向下工件由于故障原因到达传送带末端，会导致吸盘气缸不能到达下限位，机械手因不能正常工作而自动返回原位，同时红色指示灯以1Hz频率闪烁报警，直至手动按下复位按钮解除报警。

7）如果在运行期间按下停止按钮，该工作单元在本工作周期结束后停止运行。

▌ 任务小结 ▌

通过本任务的学习，认识了搬运机械手的应用及分类，懂得了搬运机械手的工作原理及组成。通过对搬运机械手的控制程序编写，满足搬运机械手的动作要求，并学会利用各种传感器对机械手各种动作进行准确定位，能通过气缸控制各机械机构执行动作，让搬运机械手能按要求顺畅动作。

▌ 课后练习 ▌

记录搬运机械手模块中所使用的传感器、气缸和电磁换向阀的品牌及型号，通过网络调研记录各元件的价格及可替代元件的品牌及型号，记录在表5-4中。

表5-4　搬运机械手元件型号记录表

元件名称	元件品牌	元件型号	元件价格	可替代品牌	可替代型号

任务2 翻转机械手的编程与调试

👉 任务引领

　　机械手是模仿人的手部动作实现自动抓取、搬运操作的自动装置。PLC 控制的机械手具有较强的抗干扰能力，保证了系统运行的可靠性，降低了维修率，提高了工作效率，可代替人的繁重劳动以实现生产的机械化和自动化。通过本任务的学习，能够认知各种机械手的作用及特点，根据任务要求设计翻转机械手的动作功能图，编写翻转机械手动作的控制程序并进行调试。

🎯 学习目标

　　（1）会描述翻转机械手的组成及应用。
　　（2）能检测翻转机械手各元件的功能。
　　（3）根据任务要求，利用功能图软件画出符合控制要求的功能图。
　　（4）完成翻转机械手的编程与调试。
　　建议学时：8 学时。
　　内容结构：

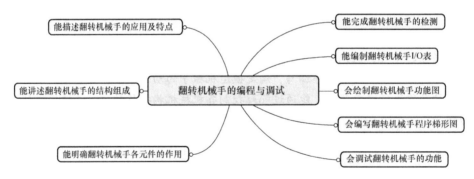

🔗 知识链接

一、翻转机械手的结构及功能

　　翻转机械手可实现工件的翻转。当变频传送带机构送来的工件不符合工艺要求时，需要进行姿态的纠正。翻转机械手下降，机械手手指动作将工件夹起，然后通过旋转气缸将工件旋转 180°。工件姿态纠正后，放回变频传送带上并传输到传送带的末端，下一工作站可以将工件取走。翻转机械手如图 5-13 所示。

图 5-13　翻转机械手

二、翻转机械手相关元件

1. 手指气缸

手指气缸是利用压缩空气作为动力来夹取或抓取工件的执行装置。在自动化系统中，气动手爪常应用在搬运、传送工件机构中抓取、释放物体。图 5-14 所示为平行手指的剖面结构与实物。

图 5-14　平行手指的剖面结构与实物

2. 旋转气缸

进排气导管和导气头都固定在旋转气缸本体侧，用于实现工件的旋转。图 5-15 所示为旋转气缸实物。图 5-16 所示为旋转气缸的工作原理。

图 5-15　旋转气缸实物

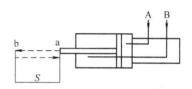

图 5-16　旋转气缸的工作原理

第一步：复位。从气口 B 通入气压（0.1 ~ 0.8MPa），同时从气口 A 排出大气，活塞及活塞杆向后退回，当活塞碰到缸体右端时便停止，活塞杆端处于 a 点位置，这种状态就是复位状态。

第二步：工作。从气口 A 通入气压（0.1 ~ 0.8MPa），同时从气口 B 排出大气，活塞杆及活塞向前伸出，当活塞碰到前盖时便停止运动，此时活塞杆端处于 b 点位置，a、b 之间的距离就是活塞的行程 S，这种状态就是旋转气缸的工作状态。

重复第一步，如此循环，使缸体旋转，活塞带活塞杆往复移动。

3. 光电编码器

光电编码器又称为手轮脉冲发生器，简称手轮，是一种通过光电转换将输出轴的机械几何位移量转换为脉冲或数字量的传感器，主要应用于各种数控设备，是目前应用最多的一种传感器。光电编码器实物如图 5-17 所示。

光电编码器主要由光栅盘和光电检测装置构成，如图 5-18 所示。在伺服系统中，光栅盘与电动机同轴，电动机旋转带动光栅盘旋转，在圆盘上有规则地刻有透光和不透

图 5-17　光电编码器实物

光的线条，在圆盘两侧安放发光器件和光电器件。当圆盘旋转时，光电器件接收的光通量随透光线条同步变化，光电器件输出的波形经过整形后变为脉冲，再经光电检测装置输出若干个脉冲信号，根据该信号的每秒脉冲数便可计算出电动机当前的转速。

在自动化生产线控制中，光电编码器往往与 PLC 的高速计数器一同使用，将 A、B 两相输出端直接连接到 PLC 对应的高速计数器输入端，再通过高速计数器对 A、B 相脉冲进行计数，

进而可精确控制工件的运动距离。

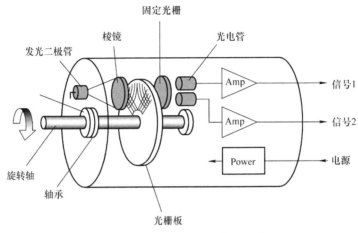

图 5-18　光电编码器的内部组成

三、编程知识点

1. 高速计数器的指令

普通计数器受 CPU 扫描速度的影响，按照顺序扫描的方式进行工作，在每个扫描周期中对计数脉冲只能进行一次累加；脉冲信号的频率比 PLC 的扫描频率高时，如果仍采用普通计数器进行累加，必然会丢失很多输入脉冲信号。在 PLC 中，对比 PLC 扫描频率高的输入信号的计数可使用高速计数器指令来实现。

在 S7-200 的 CPU 22X 中，高速计数器的数量及编号见表 5-5。

表 5-5　高速计数器的数量及编号

CPU 类型	CPU 221	CPU 222	CPU 224	CPU 226
高速计数器的数量	4		6	
高速计数器的编号	HC0, HC3 ~ HC5		HC0 ~ HC5	

高速计数器的指令包括定义高速计数器指令 HDEF 和执行高速计数指令 HSC，见表 5-6。

表 5-6　高速计数器的指令

HDEF	HSC
```\nHDEF\nEN ENO\n???? — HSC\n???? — MODE\n```	```\nHSC\nEN ENO\n???? — N\n```

（1）定义高速计数器指令 HDEF　HDEF 指令的功能是为使用的某高速计数器选定一种工作模式。每个高速计数器在使用前都要用 HDEF 指令来定义工作模式，并且只能用一次。它有两个输入端：HSC 为要使用的高速计数器编号，数据类型为字节型，数据范围为 0 ~ 5 的常数，

分别对应 HC0 ~ HC5；MODE 为高速计数的工作模式，数据类型为字节型，数据范围为 0 ~ 11 的常数，分别对应 12 种工作模式。当准许输入使能 EN 有效时，为指定的高速计数器定义工作模式 MODE。

（2）执行高速计数指令 HSC　HSC 指令的功能是根据与高速计数器相关的特殊继电器确定控制方式和工作状态，使高速计数器的设置生效，按照指令的工作模式执行计数操作。它有一个数据输入端 N：N 为高速计数器的编号，数据类型为字型，数据范围为 0 ~ 5 的常数，分别对应高速计数器 HC0 ~ HC5。当准许输入使能 EN 有效时，启动 N 号高速计数器工作。

2. 高速计数器的输入端

高速计数器的输入端不像普通计数器输入端那样由用户定义，而是由系统指定的输入点输入信号，每个高速计数器对它所支持的脉冲输入端、方向控制、复位和启动都有专用的输入点，通过比较或中断完成预定的操作。每个高速计数器专用的输入点见表 5-7。

表 5-7　高速计数器与对应输入点的关系

高速计数器编号	专用的输入点	高速计数器编号	专用的输入点
HC0	I0.0，I0.1，I0.2	HC3	I0.1
HC1	I0.6，I0.7，I1.0，I1.1	HC4	I0.3，I0.4，I0.5
HC2	I1.2，I1.3，I1.4，I1.5	HC5	I0.4

3. 高速计数器的状态字节

系统为每个高速计数器在特殊寄存器区 SMB 都提供了一个状态字节，用于监视高速计数器的工作状态时执行由高速计数器引用的中断事件，其格式见表 5-8。只有执行高速计数器的中断程序时，状态字节的状态位才有效。

表 5-8　高速计数器的状态字节

HC0	HC1	HC2	HC3	HC4	HC5	描述
SM36.0	SM46.0	SM56.0	SM36.0	SM146.0	SM156.0	未用
SM36.1	SM46.1	SM56.1	SM36.1	SM146.1	SM156.1	
SM36.2	SM46.2	SM56.2	SM36.2	SM146.2	SM156.2	
SM36.3	SM46.3	SM56.3	SM36.3	SM146.3	SM156.3	
SM36.4	SM46.4	SM56.4	SM36.4	SM146.4	SM156.4	
SM36.5	SM46.5	SM56.5	SM36.5	SM146.5	SM156.5	当前计数的状态位：0= 减计数，1= 加计数
SM36.6	SM46.6	SM56.6	SM36.6	SM146.6	SM156.6	当前值等于预设值状态位：0= 不等，1= 相等
SM36.7	SM46.7	SM56.7	SM36.7	SM146.7	SM156.7	当前值大于预设值状态位：0= 小于或等于，1= 大于

4. 高速计数器的工作模式

高速计数器有 12 种不同的工作模式（0 ~ 11），分为 4 类，可以通过编程的方法使用 HDEF 指令来选定工作模式。

1）高速计数器 HC0 是一个通用的增减计数器，共有 8 种模式，也可通过编程来选择不同的工作模式。HC0 的工作模式见表 5-9。

表 5-9　HC0 的工作模式

模式	描述	控制位	I0.0	I0.1	I0.2
0	内部方向控制的单路脉冲输入的加 / 减计数	SM37.3=0，减计数；SM37.3=1，加计数	脉冲输入端	×	×
1					复位端
3	外部方向控制的单路脉冲输入的加 / 减计数	I0.1=0，减计数；I0.1=1，加计数	脉冲输入端	方向控制端	×
4					复位端
6	两路脉冲输入的单相加 / 减计数	外部输入控制	加计数脉冲输入端	减计数脉冲输入端	×
7					复位端
9	两路脉冲输入的双相正交计数。A 相脉冲超前 B 相脉冲时为加计数；B 相脉冲超前 A 相脉冲时为减计数	外部输入控制	A 相脉冲输入端	B 相脉冲输入端	×
10					复位端

注:"×"表示没有。

2）高速计数器 HC1 共有 12 种工作模式，见表 5-10。

表 5-10　HC1 的工作模式

模式	描述	控制位	I0.6	I0.7	I1.0	I1.1
0	内部方向控制的单路脉冲输入的加 / 减计数	SM47.3=0，减计数；SM47.3=1，加计数	脉冲输入端	×	×	×
1					复位端	
2						启动
3	外部方向控制的单路脉冲输入的加 / 减计数	I0.7=0，减计数；I0.7=1，加计数	脉冲输入端	方向控制端	×	×
4					复位端	
5						启动
6	两路脉冲输入的单相加 / 减计数	外部输入控制	加计数脉冲输入端	减计数脉冲输入端	×	×
7					复位端	
8						启动
9	两路脉冲输入的双相正交计数。B 相脉冲超前 A 相脉冲时为减计数	外部输入控制	A 相脉冲输入端	B 相脉冲输入端	×	×
10					复位端	
11						启动

注:"×"表示没有。

3）高速计数器 HC2 共有 12 种工作模式，见表 5-11。

表 5-11　HC2 的工作模式

模式	描述	控制位	I1.2	I1.3	I1.4	I1.5
0	内部方向控制的单路脉冲输入的加 / 减计数	SM57.3=0，减计数；SM57.3=1，加计数	脉冲输入端	×	×	×
1					复位端	
2						启动
3	外部方向控制的单路脉冲输入的加 / 减计数	I0.7=0，减计数；I0.7=1，加计数	脉冲输入端	方向控制端	×	×
4					复位端	
5						启动
6	两路脉冲输入的单相加 / 减计数	外部输入控制	加计数脉冲输入端	减计数脉冲输入端	×	×
7					复位端	
8						启动
9	两路脉冲输入的双相正交计数。B 相脉冲超前 A 相脉冲时为减计数	外部输入控制	A 相脉冲输入端	B 相脉冲输入端	×	×
10					复位端	
11						启动

注:"×"表示没有。

4）高速计数器 HC3 只有一种工作模式，见表 5-12。

表 5-12　HC3 的工作模式

模式	描述	控制位	I0.1
0	内部方向控制的单路脉冲输入的加 / 减计数	SM137.3=0，减计数；SM137.3=1，加计数	脉冲输入端

5）高速计数器 HC4 有 8 种工作模式，见表 5-13。

表 5-13　HC4 的工作模式

模式	描述	控制位	I0.3	I0.4	I0.5
0	内部方向控制的单路脉冲输入的加 / 减计数	SM147.3=0，减计数；M147.3=1，加计数	脉冲输入端	×	×
1					复位端
3	外部方向控制的单路脉冲输入的加 / 减计数	I0.1=0，减计数；I0.1=1，加计数	脉冲输入端	方向控制端	×
4					复位端
6	两路脉冲输入的单相加 / 减计数	外部输入控制	加计数脉冲输入端	减计数脉冲输入端	×
7					复位端
9	两路脉冲输入的双相正交计数。A 相脉冲超前 B 相脉冲时为加计数；B 相脉冲超前 A 相脉冲时为减计数	外部输入控制	A 相脉冲输入端	B 相脉冲输入端	×
10					复位端

注："×"表示没有。

6）高速计数器 HC5 只有一种工作模式，见表 5-14。

表 5-14　HC5 的工作模式

模式	描述	控制位	I0.4
0	内部方向控制的单路脉冲输入的加 / 减计数	SM157.3=0，减计数；SM157.3=1，加计数	脉冲输入端

5. 高速计数器的控制字节

系统为每个高速计数器都安排了一个特殊寄存器 SMB 作为控制字节，用于确定高速计数器的工作模式。S7-200 在执行 HSC 指令前，首先要检查与每个高速计数器相关的控制字节，在控制字节中设置了启动输入信号和复位输入信号的有效电平、正交计数器的计数倍率、计数方向采用内部控制的有效电平、是否允许改变计数方向、是否允许更新设定值、是否允许更新当前值以及是否允许执行高速计数指令，见表 5-15。

表 5-15　高数计数器的控制字节

HC0	HC1	HC2	HC3	HC4	HC5	描述
SM37.0	SM47.0	SM57.0	—	SM147.0	—	复位信号有效电平：0= 高电平有效，1= 低电平有效
—	SM47.1	SM57.1	—	—	—	启动信号有效电平：0= 高电平有效，1= 低电平有效
SM37.2	SM47.2	SM57.2	—	SM147.2	—	正交计数器的倍率选择：0=4 倍率，1=1 倍率
SM37.3	SM47.3	SM57.3	SM137.3	SM147.3	SM157.3	计数方向控制：0= 减计数，1= 加计数
SM37.4	SM47.4	SM57.4	SM137.4	SM147.4	SM157.4	向 HSC 写入计数方向：0= 不更新，1= 更新
SM37.5	SM47.5	SM57.5	SM137.5	SM147.5	SM157.5	向 HSC 写入新的预置值：0= 不更新，1= 更新

（续）

HC0	HC1	HC2	HC3	HC4	HC5	描述
SM37.6	SM47.6	SM57.6	SM137.6	SM147.6	SM157.6	向 HSC 写入新的初始值：0=不更新，1= 更新
SM37.7	SM47.7	SM57.7	SM137.7	SM147.7	SM157.7	启用 HSC：0= 关 HSC，1= 开 HSC

说明：

1）在高速计数器的 12 种工作模式中，模式 0、模式 3、模式 6 和模式 9 是既无启动输入又无复位输入的计数器，模式 1、模式 4、模式 7 和模式 10 是只有复位输入而没有启动输入的计数器，模式 2、模式 5、模式 8 和模式 11 是既有启动输入又有复位输入的计数器。

2）当启动输入有效时，允许计数器计数；当启动输入无效时，计数器的当前值保持不变；当复位输入有效时，将计数器的当前值寄存器清零；当启动输入无效而复位输入有效时，则忽略复位的影响，计数器的当前值保持不变；当复位输入保持有效、启动输入变为有效时，则将计数器的当前值寄存器清零。

3）在 S7-200 中，系统默认的复位输入和启动输入均为高电平有效，正交计数器为 4 倍频，如果想改变系统的默认设置，需要设置表 5-15 中特殊寄存器的第 0、1、2 位。

各个高速计数器的计数方向的控制、设定值和当前值的控制以及执行高速计数的控制，是由表 5-15 中各个相关控制字节的第 3~7 位决定的。

任务描述

翻转机械手是自动化生产线的中间模块，根据控制要求将姿势不符合要求的工件翻转调整。本次任务根据翻转机械手不同的控制要求及难易程度分为单次翻转工件和连续翻转工件两个任务，建议使用功能图编写程序。请根据任务实施步骤指引，完成翻转机械手的编程与调试。

任务实施

一、翻转机械手单次翻转工件的编程与调试

具体控制要求如下：

1）设备通电后，若翻转机械手的所有执行机构都在原点，则"正常工作"绿色指示灯常亮，表示设备已准备好；否则，该指示灯应熄灭。

2）人工将工件置于机械手手指正下方，若设备已准备好，按下启动按钮，系统启动，翻转机械手将工件夹起翻转 180° 后放回原位。机械手运行过程中"设备运行"红色指示灯常亮。

3）机械手完成工件翻转后，"正常工作"绿色指示灯常亮，要翻转下一工件时必须重新按下启动按钮。

4）如果在运行期间按下停止按钮，该机械手马上停留在当前位置，放开停止按钮，机械手继续运行。

步骤 1：对照表 5-16 检查设备的 I/O 分配。

表 5-16 翻转机械手单次翻转的 I/O 分配

输入		输出	
名称	PLC 输入点	名称	PLC 输出点
机械手上限位	I0.0	下降	Q0.0
机械手下限位	I0.1	夹紧	Q0.4
反转限位	I0.2	放松	Q0.1
正转限位	I0.3	正转	Q0.3
启动按钮	I1.0	反转	Q0.2
停止按钮	I1.1	绿灯	Q1.0
		红灯	Q1.1

步骤 2：根据翻转机械手单次翻转控制要求绘制功能图，如图 5-19 所示。

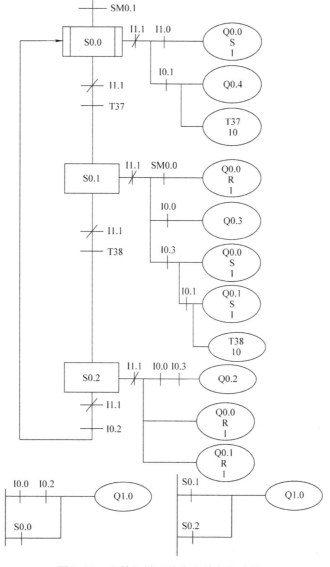

图 5-19 翻转机械手单次翻转参考功能图

步骤3：根据翻转机械手单次翻转控制功能图进行控制程序的编写与调试，并做好过程记录。

二、翻转机械手连续翻转工件的编程与调试

在特定需求下，可设计翻转机械手连续翻转工件，请根据连续翻转工件要求完成功能图的绘制以及程序的编写与调试。具体控制要求如下：

1）初始状态。设备通电和气源接通后，若翻转机械手单元满足初始位置要求，则"正常工作"绿色指示灯常亮，表示设备已准备好；否则，该指示灯应熄灭。

2）人工将工件置于机械手夹指正下方，若设备准备好，按下启动按钮，系统启动，翻转机械手将工件夹起翻转180°后放回原位。机械手运行过程中"设备运行"红色指示灯常亮。

3）机械手完成工件翻转后，停顿2s后重复下一个翻转动作，直到完成5个工件的翻转工作，翻转机械手停止工作，红色指示灯以1Hz频率闪烁。要翻转下一批工件时必须重新按下启动按钮。

4）如果在运行期间按下停止按钮，该工作单元在本工作周期结束后停止运行。

步骤1：对照表5-17检查设备的I/O分配。

表5-17　翻转机械手连续翻转的I/O分配

输入		输出	
名称	PLC输入点	名称	PLC输出点
机械手上限位	I0.0	下降	Q0.0
机械手下限位	I0.1	夹紧	Q0.4
反转限位	I0.2	放松	Q0.1
正转限位	I0.3	正转	Q0.3
启动按钮	I1.0	反转	Q0.2
停止按钮	I1.1	绿灯	Q1.0
		红灯	Q1.1

步骤2：根据翻转机械手连续翻转控制要求使用功能图软件绘制功能图，如图5-20所示。

步骤3：根据翻转机械手连续翻转控制功能图进行控制程序的编写与调试，并做好过程记录。

三、结果汇报

1）各小组派代表展示小组编写的程序。

2）各小组进行工作岗位的"6S"（整理、整顿、清扫、清洁、安全、素养）管理。小组完成任务后，按照"6S"标准检查工作岗位；归还所借的工（量）具和实习工件。

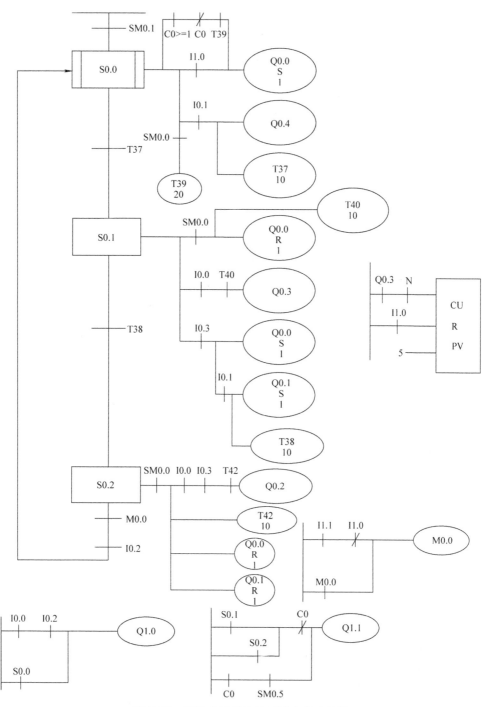

图 5-20 翻转机械手连续翻转参考功能图

任务评价

通过以上学习，根据任务实施过程，将完成任务情况记入表 5-18 中，完成任务评价。

表 5-18 学习任务评价

班级		姓名		学号		日期	年 月 日

学习任务名称：

	1	是否能完成学习任务	□是　　□否
	2	是否能叙述机械手的应用及分类	□是　　□否
	3	是否知道翻转机械手的工作原理及组成	□是　　□否

你在完成第一个任务的时候，遇到了哪些问题？你是如何解决的？

自我评价	1	是否会画翻转机械手两种控制的功能图	□是　　□否
	2	是否正确完成翻转机械手两种控制要求的编程与调试	□是　　□否

你在完成第二个任务的时候，遇到了哪些问题？你是如何解决的？

	1	是否能独立完成工作页的填写	□是　　□否
	2	是否能按时上、下课，着装是否规范	□是　　□否
	3	学习效果自评等级	□优　　□良　　□中　　□差

总结与反思：

小组评价	1	在小组讨论中能积极发言	□优　□良　□中　□差
	2	能积极配合小组成员完成工作任务	□优　□良　□中　□差
	3	在查找资料信息中的表现	□优　□良　□中　□差
	4	能够清晰表达自己的观点	□优　□良　□中　□差
	5	安全意识与规范意识	□优　□良　□中　□差
	6	遵守课堂纪律	□优　□良　□中　□差
	7	积极参与汇报展示	□优　□良　□中　□差

教师评价	综合评价等级： 评语： 教师签名：　　　　　　年　月　日

📖 任务拓展

翻转机械手可根据程序自动调整工件姿势，根据新的控制要求完成翻转机械手的编程与调试。控制要求如下：

1）初始状态。设备通电和气源接通后，若工作单元的推料气缸及翻转机械手单元满足初始位置要求，则"正常工作"绿色指示灯常亮，表示设备已准备好；否则，该指示灯应熄灭。

2）若设备已准备好，按下启动按钮，系统启动，"设备运行"红色指示灯常亮。当传送带入料口人工放下已装配的工件时，变频器即启动，驱动传动电动机以频率为 30Hz 的速度把工件带往分拣区。

3）经过姿势传感器检测，开口向下的工件被推料气缸伸出阻挡，同时停止传送带，翻转机械手将工件调整为开口向上姿势后传送到传送带的末端。当工件到达传送带末端时，传送带停止，红色指示灯以 1Hz 频率闪烁。当人工取走传送带末端工件时，设备的一个工作周期结束，恢复"设备运行"状态。

4）如果在运行期间按下停止按钮，该工作单元在本工作周期结束后停止运行。

任务小结

通过本任务的学习，认识了翻转机械手的应用及分类，懂得了翻转机械手的工作原理及组成。通过对翻转机械手的控制程序编写，满足翻转机械手的动作要求，并学会利用各种传感器调整翻转机械手的机械高度和角度，能通过气缸配合完成翻转机械手的动作执行，让翻转机械手能按要求顺畅动作。

课后练习

请记录翻转机械手所使用的传感器、气缸和电磁换向阀的品牌及型号，通过网络调研记录各元件的价格及可替代元件的品牌及型号，记录在表 5-19 中。

表 5-19　翻转机械手元件型号记录表

元件名称	元件品牌	元件型号	元件价格	可替代品牌	可替代型号

S7-200 PLC 主从站的通信与调试

6

项目6

项目描述

在工业生产装置系统中，常常要用到多台 PLC 系统进行分布式控制，而这些 PLC 系统的信息需要集中处理和共享，这就需要对 PLC 进行主从站分配，建立 PLC 之间的通信连接。本项目的目标是学会两台 S7-200 PLC 主从站的通信方式及数据的交换手段，并能根据任务提示完成主从站通信系统的编程与调试。

任务1 红绿灯主从站的通信与调试

☞ 任务引领

本次任务通过对两台西门子 S7-200 PLC 进行主从站的连接，应用 Micro/WIN 软件完成指令向导，对两台 PLC 主从站进行通信且完成读写功能，并能用两台西门子 S7-200 PLC 组成的主从站控制红绿灯的运行。

🥕 学习目标

（1）会使用两台 S7-200 PLC 进行主从站的通信设置。

（2）了解西门子 S7-200 主从站读写指令的功能。

（3）会进行两台西门子 S7-200 主从站指令向导的创建。

（4）能完成主从站控制红绿灯的程序编写与调试。

建议学时：6 学时。

内容结构：

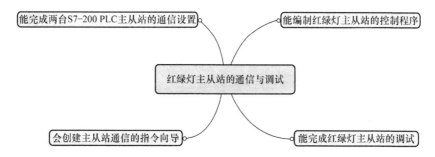

知识链接

一、两台 S7-200 PLC 主从站的通信设置

1. 通信端口的设置

将 PC 与主站 CPU 用 PC/PPI 电缆连接，打开 STEP 7-Micro/WIN 软件，单击"通信"，则弹出"通信"对话框，双击"双击刷新"图标，则出现地址为 2 的 CPU，如图 6-1 所示。

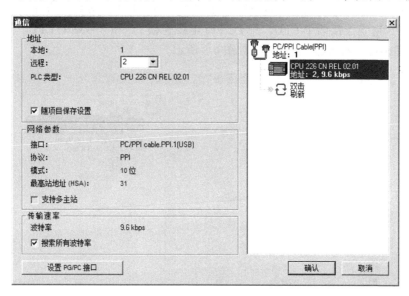

图 6-1　通信端口的设置

2. 地址的设置

单击"系统块"出现"系统块"对话框，将端口 0、端口 1 的 PLC 地址均改为"2"，均设置波特率为"9.6kbps"，如图 6-2 所示，然后单击"确认"，则 2 号站的站地址设置完毕。3 号站地址的设置方法同上，将端口 0、端口 1 的 PLC 地址均改为"3"，波特率均设置为"9.6kbps"，单击"确认"即可。

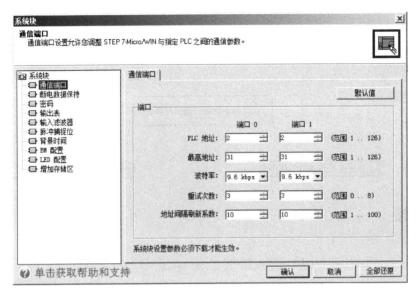

图 6-2　地址的设置

3. 网络连接

CPU 226 具有两个通信端口（即 PORT1 和 PORT0），本任务均采用端口 1 通信。用 PRO-FIBUS 连接器、电缆连接两个 CPU，用 PC/PPI 电缆连接 PC 和 2 号站的 CPU。连好以后双击"双击刷新"图标检验网络是否连接好，如图 6-3 所示。

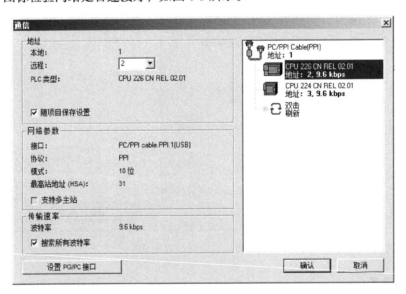

图 6-3　网络连接

二、S7-200 网络读写功能

网络读写指令包括网络读（NETR）和网络写（NETW）两个指令。在网络读写通信中，只有主站需要调用 NETR/NETW 指令，从站只需编程处理数据缓冲区（取用或准备数据），如图 6-4 所示。

1）图 6-4 中 a 表示定义该网络操作是一个 NETR 还是一个 NETW。

2）图 6-4 中 b 表示定义该从远程 PLC 读取多少个字节数据 (NETR) 或者该写到远程 PLC 多少个字节数据（NETW），每条网络读 / 写指令最多可以发送或接收 16 个字节的数据。

3）图 6-4 中 c 表示定义想要通信的远程 PLC 的地址。

4）图 6-4 中 d 表示，如果是 NETR（网络读）操作，定义读取的数据应该存储在本地 PLC 的哪个地址区，有效的操作数为 VB、IB、QB、MB、LB；如果是 NETW（网络写）操作，定义要写入远程 PLC 的本地 PLC 数据的地址区，有效的操作数为 VB、IB、QB、MB、LB。

5）图 6-4 中 e 表示，如果是 NETR（网络读）操作，定义应该从远程 PLC 的哪个地址区读取数据，有效的操作数为 VB、IB、QB、MB、LB；如果是 NETW（网络写）操作，定义在远程 PLC 中应该写入哪个地址区，有效的操作数为 VB、IB、QB、MB、LB。

6）图 6-4 中 f 表示操作此按钮可以删除当前定义的操作。

7）图 6-4 中 g 表示操作此按钮可以进入下一项操作。

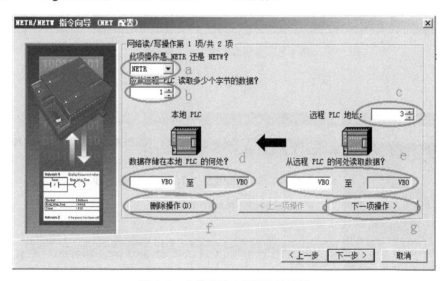

图 6-4 主从站读 / 写操作的设置

三、指令向导创建

1.设置指令向导

在 Micro/WIN 中的命令菜单中选择"Tools"→"Instruction Wizard"，然后在指令向导窗口中选择 NETR/NETW 指令，如图 6-5 所示。选择 NETR/NETW 指令向导，在使用向导时必须先对项目进行编译，在随后弹出的对话框中选择"是"，确认编译。如果已有的程序中存在错误或者有尚未编写完成的指令，那么编译是不能通过的。如果项目中已经存在一个 NETR/NETW 配置，必须选择是编辑已经存在的 NETR/ NETW 的配置还是创建一个新的。

定义用户所需网络操作的数目：在指令树中双击"向导"中的"NETR/NETW"，则出现"NETR/NETW 指令向导（NET 配置）"对话框，设置为 2 项网络读 / 写操作，如图 6-6 所示，然后单击"下一步"。向导允许用户最多配置 24 个网络操作，程序会自动调配这些通信操作。

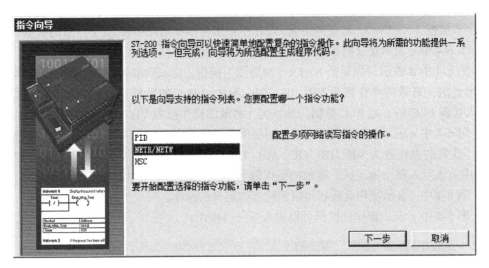

图 6-5　选择 NETR/ NETW 指令

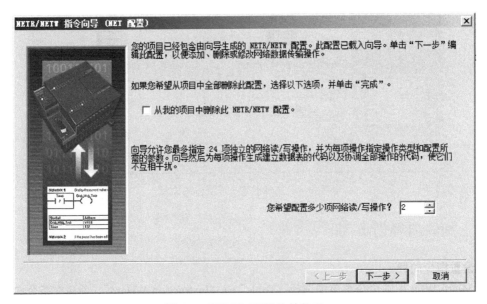

图 6-6　网络读 / 写操作的数目

注意：这里所说的两项操作分别是指读和写。如果设置为 1 项操作，则只能是读操作或是写操作；如果网络除主站外还有两个从站，要实现主站对两个从站的读写操作，则应设置为 4 项操作。

2. 设置 PLC 通信端口

该网络均采用端口 0，如图 6-7 所示，然后单击"下一步"选择通信端口并指定子程序名称。

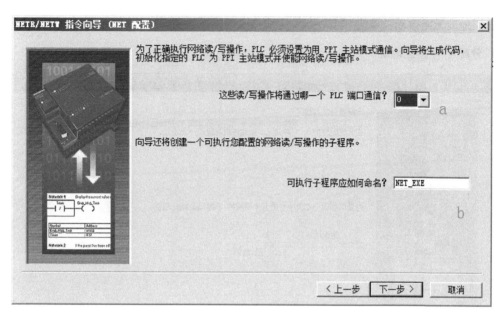

图 6-7　设置通信端口

3. 定义网络操作

选择"NETR",读取"1"个字节,远程 PLC 地址为"3",数据从远程 PLC 的"VB1 至 VB1"存储在本地 PLC 的"VB1 至 VB1"上,则读操作设置完成,然后单击"下一步"。每一个网络操作,都要定义以上信息。

选择"NETW",写入"1"个字节,远程 PLC 地址为"3",数据从本地 PLC 的"VB0 至 VB0"写入到远程 PLC 的"VB0 至 VB0"上,则写操作设置完成,然后单击"下一步",如图 6-8 所示。

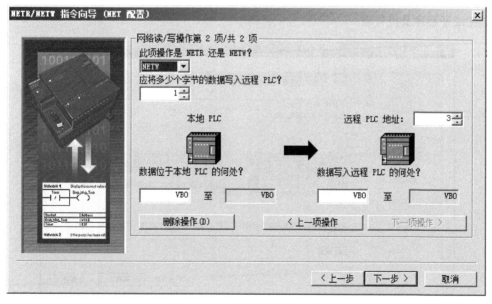

图 6-8　主从站写操作的设置

建议地址无需改动，单击"下一步"完成指令向导的设置。

4. 分配 V 存储区地址

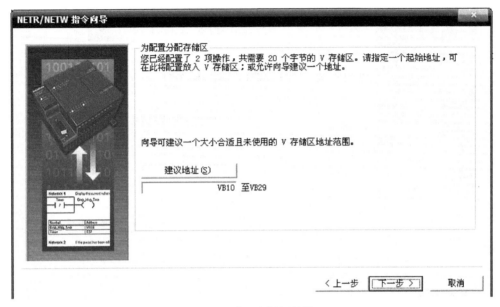

图 6-9   分配存储区地址

配置的每一个网络操作需要 12 字节的 V 区地址空间，上例中配置了两个网络操作，因此占用了 24 个字节的 V 区地址空间。向导自动为用户提供了建议地址，用户也可以自己定义 V 区地址空间的起始地址，如图 6-9 所示。

注意：要保证用户程序中已经占用的地址、网络操作中读写区所占用的地址以及此处向导所占用的 V 区地址空间不能被重复使用，否则将导致程序不能正常工作。

5. 生成子程序及符号表

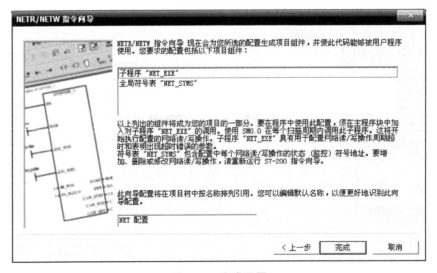

图 6-10   完成设置

图 6-10 中显示了 NETR/NETW 向导生成的子程序和符号表，一旦单击"完成"按钮，上述内容将在项目中得以生成。

6. 调用子程序

配置完 NETR/NETW 向导，需要在程序中调用向导生成的 NETR/NETW 参数化子程序，调用子程序后生成下面的程序，如图 6-11 所示。

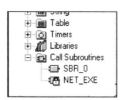

调用子程序：

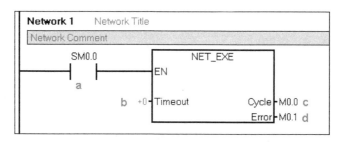

图 6-11　调用子程序

图 6-11 中 a 表示必须用 SM0.0 来使能 NETR/NETW，以保证它的正常运行。

图 6-11 中 b 表示超时，0 表示不启动延时检测，1~36767 为以 s 为单位的超时延时时间。如果通信有问题的时间超出此延时时间，则报错误。

图 6-11 中 c 表示周期参数，此参数在每次所有网络操作完成时切换其开关量状态。

图 6-11 中 d 表示此处是错误参数，0= 无错误，1= 错误。

NETR/NETW 指令向导生成的子程序管理所有的网络读写通信，用户不必再编写其他程序进行诸如设置通信端口的操作。

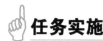 任务描述

创建两台 S7-200 PLC 主机（主机型号分别是 226、224）的主从站指令向导，建立主从站的通信连接，要求完成主从站之间的读写，并通过主站 226 的按钮完成主从站的红绿灯控制，控制要求如下：按下主站启动按钮，从站绿灯亮 5s，返回主站，主站红灯亮 5s 熄灭。

任务实施

一、实施步骤

步骤 1：主从站 PLC 的 I/O 分配见表 6-1。

表 6-1　主从站 PLC 的 I/O 分配

主站 226				从站 224			
输入		输出		输入		输出	
名称	端口	名称	端口	名称	端口	名称	端口
启动	I0.3	红灯	Q0.4			绿灯	Q0.5

步骤 2：设置指令向导，如图 6-12 所示。

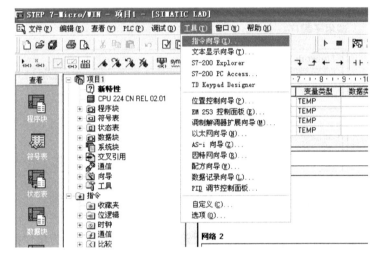

图 6-12　设置指令向导

步骤 3：配置网络读写操作，如图 6-13 所示。

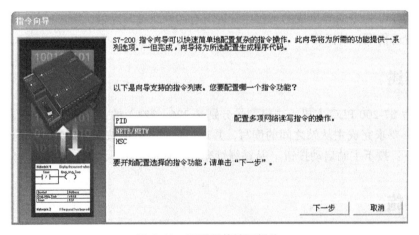

图 6-13　配置网络读写操作

步骤 4：配置网络读写操作数量，如图 6-14 所示。

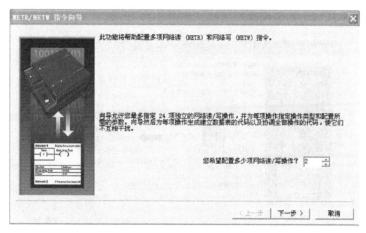

图 6-14　配置网络读写操作数量

步骤 5：选择通信端口，编辑子程序名称，如图 6-15 所示。

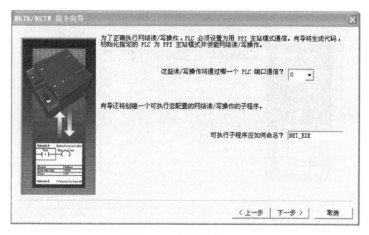

图 6-15　选择通信端口

步骤 6：设置主从站之间的网络读区域，如图 6-16 所示。

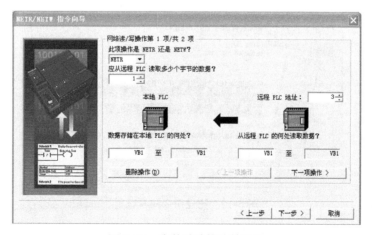

图 6-16　主从站读操作的设置

步骤 7：设置主从站之间的网络写区域，如图 6-17 所示。

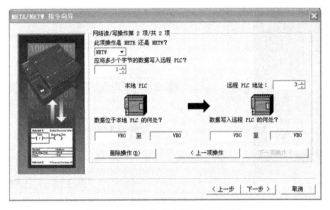

图 6-17　主从站写操作的设置

步骤 8：分配 V 存储区地址范围（建议使用默认地址），如图 6-18 所示。

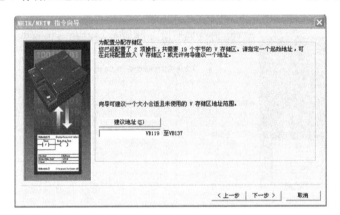

图 6-18　分配存储区地址

步骤 9：指令向导设置完成，如图 6-19 所示。

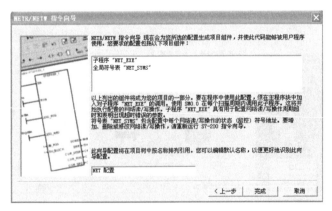

图 6-19　完成指令向导设置

步骤 10：调用指令向导并设置触发引脚，如图 6-20 所示。

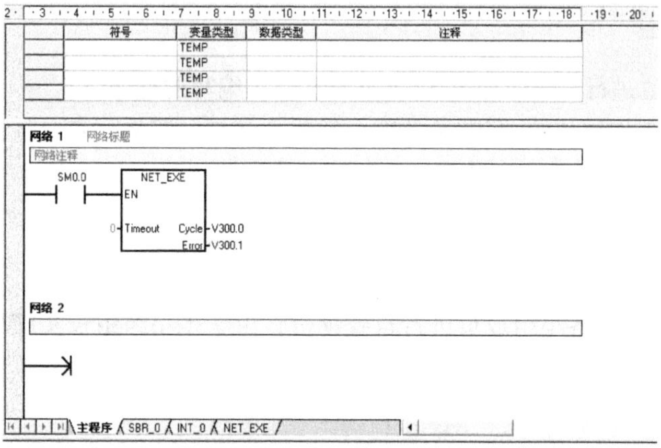

图 6-20　调用指令向导

步骤 11：根据控制要求对主站 226 进行程序编写，如图 6-21 所示。

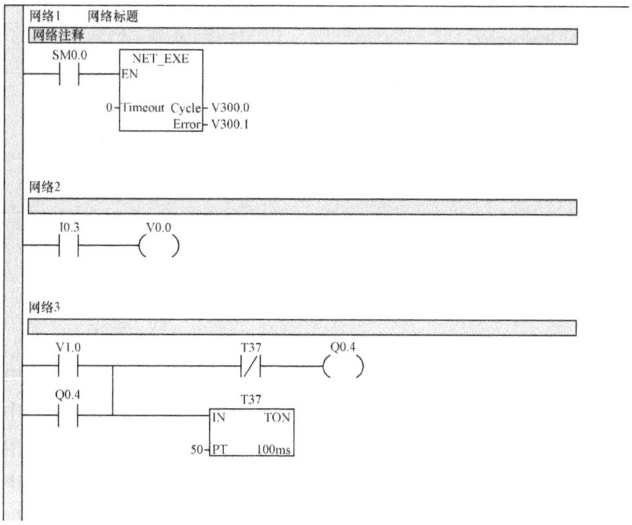

图 6-21　主站 226 的程序

步骤 12：根据控制要求对从站 224 进行程序编写，如图 6-22 所示。

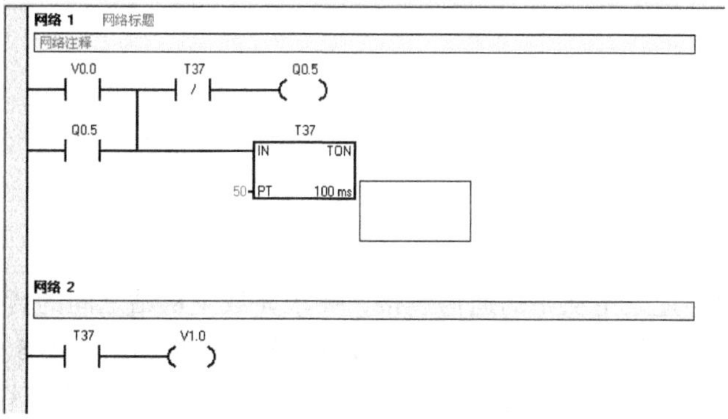

图 6-22　从站 224 的程序

二、结果汇报

1）以小组为单位进行汇报，用 PLC 主机演示自主编写的程序。

2）各小组进行工作岗位的"6S"（整理、整顿、清扫、清洁、安全、素养）管理。小组完成任务后，按照"6S"标准检查工作岗位；归还所借的工（量）具和实习工件。

任务评价

根据任务完成情况，各小组成员进行自我评价，由学生小组组长实施小组评价，最后由教师进行评价，填写表 6-2。

表 6-2　学习任务评价

班级		姓名			学号		日期	年 月 日
学习任务名称：								
自我评价	1	是否完成主从站指令向导的设置			□是　　□否			
	2	是否完成主站程序的编写			□是　　□否			
	3	是否完成从站程序的编写			□是　　□否			
	4	是否完成主从站之间的连接与调试			□是　　□否			
	你在完成任务的时候，遇到了哪些问题？你是如何解决的？							
小组评价	1	在小组讨论中能积极发言			□优　　□良　　□中　　□差			
	2	能积极配合小组成员完成工作任务			□优　　□良　　□中　　□差			
	3	在查找资料信息中的表现			□优　　□良　　□中　　□差			
	4	能够清晰表达自己的观点			□优　　□良　　□中　　□差			
	5	安全意识与规范意识			□优　　□良　　□中　　□差			
	6	遵守课堂纪律			□优　　□良　　□中　　□差			
	7	积极参与汇报展示			□优　　□良　　□中　　□差			
教师评价	综合评价等级： 评语： 教师签名：　　　　　年 月 日							

任务拓展

通过创建指令向导建立主从站的通信连接，要求完成主从站之间的读写，并通过主站 226 的按钮完成对 6 盏灯的控制，控制要求如下：按下主站启动按钮，主站 3 盏灯每隔 5s 亮一盏，当主站 3 盏灯全亮 2s 再灭 1s 后从站 3 盏灯每隔 5s 亮一盏，当从站 3 盏灯全亮 2s 再灭 1s 后，返回主站，依此循环。

任务小结

　　创建两台西门子 S7-200 PLC 主从站指令向导是主从站通信的基础，指令向导可生成主从站之间的读/写指令，分别对 PLC 主站和从站编写控制程序，通过调用子程序可完成主站控制从站的过程。

课后练习

　　除了本任务所讲述的主从站通信连接方式以外，主从站的通信连接还可以选择什么样的方式？

任务 2　翻转机械手主从站的通信与调试

任务引领

　　本次任务通过对两台西门子 S7-200 PLC 进行主从站的通信连接，应用 Micro/WIN 软件完成指令向导创建，对翻转机械手主从站进行通信，完成翻转机械手主从站自动控制程序的编写与调试。

学习目标

　　（1）了解西门子 S7-200 PLC 主从站的通信方式。
　　（2）完成翻转机械手模块主从站的编程。
　　（3）完成翻转机械手模块主从站的调试。
　　建议学时：8 学时。
　　内容结构：

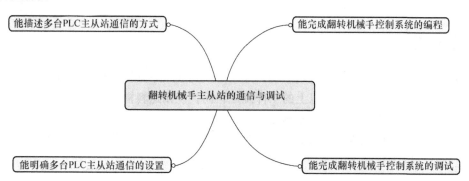

知识链接

在工业控制过程中，时常会出现一个 CPU 并不能完全满足现场控制要求的情况，这时 CPU 之间就可以采用主从站的方式进行通信，也就是一个 CPU 作为主站，其他 CPU 作为从站的通信方式。

如图 6-23 所示，在主从站通信过程中，主站可以与每个从站直接通信、下达命令、接收反馈，而从站与从站之间不能相互通信、不能相互指挥，就像军队中长官可以指挥自己属下每个士兵，但是平级的士兵之间是不能互相控制和指挥的。

如图 6-24 所示，在主站 CPU 与从站 CPU 通信的过程中主站和从站都需要开辟一个存储区域进行数据交换，称为输入输出映射区。无论是主站的映射区还是从站的映射区，它们都分为输入映射区和输出映射区。通信过程中主站数据由主站输出映射区发送到从站输入映射区，而从站数据由从站输出映射区发送到主站输入映射区。

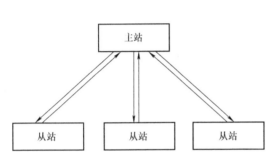

图 6-23　主从站通信

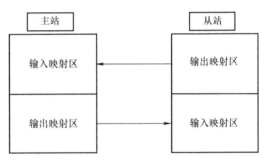

图 6-24　输入输出映射区

图 6-25 是整个数据交换过程的更加详细的演示。当输出映射区中某位由 0 变成 1 时，与之对应的输入映射区中的位同时也会由 0 变 1，这里用主站输出映射区 QB0 与从站输入映射区 IB0 来进行具体讲解。当主站输出映射区 Q0.0 由 0 变 1 时，从站输入映射区 I0.0 由 0 变成 1，这样就完成了主站向从站发送 1 个位数据的过程。此外需要注意，输入映射区与输出映射区分别占用的是 I 区与 Q 区，所以当配置信号模块时，映射区已经使用的地址就不能再次被使用了。

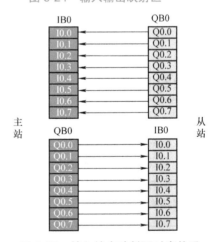

图 6-25　输入输出映射区对应关系

任务描述

通过主从站的通信连接，用主站启动、停止开关完成从站翻转机械手的自动翻转控制，控制要求为：人工放置 3 个或 3 个以上的工件到送料筒，主站送料模块推出第 1 个工件，经传送带送至翻转机械手位置，从站翻转机械手对工件进行 180° 翻转后，从站将信号传送给主站控制传送带运行，当工件至传送带末端传感器时推出第 2 个工件，依此循环，循环三次后自动停止，红色指示灯以 1Hz 频率闪烁。

任务实施

一、翻转机械手主从站控制的编程与调试

步骤 1：主从站 PLC 的 I/O 分配见表 6-3。

表 6-3　主从站 PLC 的 I/O 分配

主站 226				从站 224			
输入		输出		输入		输出	
名称	端口	名称	端口	名称	端口	名称	端口
启动按钮	I0.3	红灯	Q0.4	左限位	I0.4	下降	Q0.0
传送带末端	I2.4	绿灯	Q0.5	右限位	I0.5	夹紧	Q0.1
姿势传感器	I2.1	送料	Q1.6	变频器（Z 相）	I0.2	放开	Q0.2
停止按钮	I0.4	传送带	Q0.0	启动按钮	I0.3	左移	Q0.3
		推料	Q1.5			右移	Q0.4

步骤 2：完成指令向导设置并调用指令向导子程序，如图 6-26 所示。

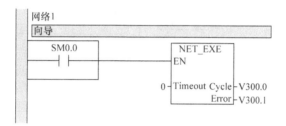

图 6-26　调用指令向导子程序

步骤 3：根据控制要求对主站 226 进行控制程序编写，如图 6-27 所示。

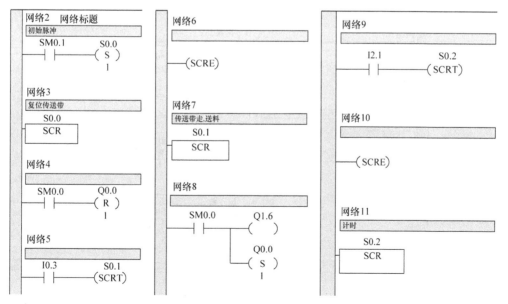

图 6-27　主站 226 的控制程序

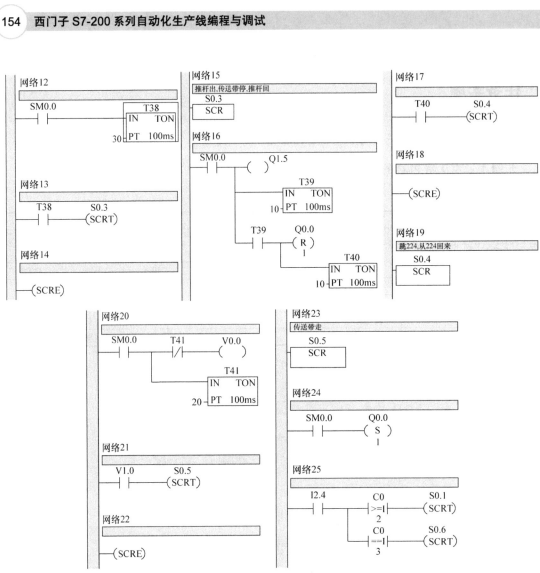

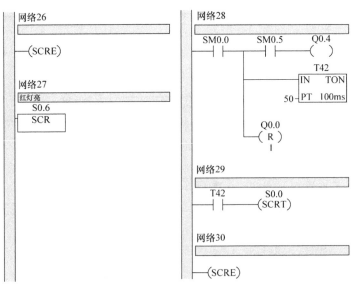

图 6-27 主站 226 的控制程序（续）

步骤 4：根据控制要求对从站 224 进行控制程序编写，如图 6-28 所示。

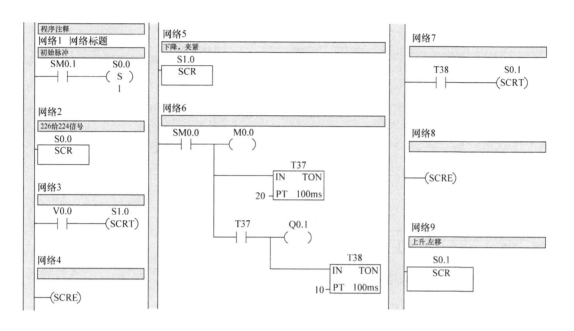

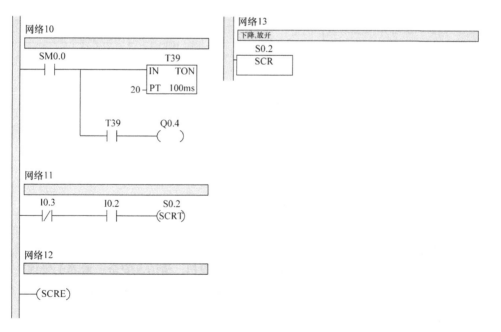

图 6-28　从站 224 的控制程序

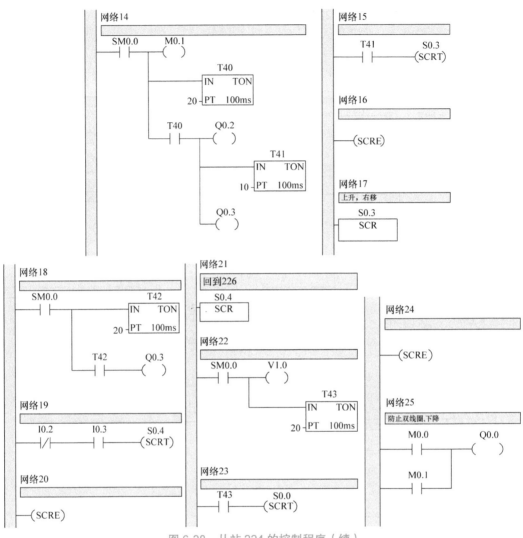

图 6-28 从站 224 的控制程序（续）

注：网络 25 中的"防止双线圈"意为防止一个线圈多次得电。

二、结果汇报

1）以小组为单位进行汇报，用 PLC 主机演示自主编写的程序。

2）各小组进行工作岗位的"6S"（整理、整顿、清扫、清洁、安全、素养）管理。小组完成任务后，按照"6S"标准检查工作岗位；归还所借的工（量）具和实习工件。

任务评价

根据任务完成情况，各小组成员进行自我评价，由学生小组组长实施小组评价，最后由教师进行评价，填写表 6-4。

表 6-4　学习任务评价

班级		姓名		学号		日期	年　月　日
学习任务名称：							

	1	是否完成翻转机械手主从站指令向导的设置	□是　　□否
自我评价	2	是否完成翻转机械手主站程序的编写	□是　　□否
	3	是否完成翻转机械手从站程序的编写	□是　　□否
	4	是否完成主从站之间的通信连接与调试	□是　　□否
	你在完成任务的时候，遇到了哪些问题？你是如何解决的？		

	1	在小组讨论中能积极发言	□优　　□良　　□中　　□差
小组评价	2	能积极配合小组成员完成工作任务	□优　　□良　　□中　　□差
	3	在查找资料信息中的表现	□优　　□良　　□中　　□差
	4	能够清晰表达自己的观点	□优　　□良　　□中　　□差
	5	安全意识与规范意识	□优　　□良　　□中　　□差
	6	遵守课堂纪律	□优　　□良　　□中　　□差
	7	积极参与汇报展示	□优　　□良　　□中　　□差

教师评价	综合评价等级： 评语： 教师签名：　　　　　　　　年　月　日

📖 任务拓展

现有 3 台电动机 M1~M3，要求在主站上按下启动按钮 I0.0 后，从站控制电动机按顺序起动（M1 起动、间隔 5s M2 起动，间隔 5s M3 起动）；按下主站停止按钮 I0.1 后，从站控制电动机按顺序停止（M3 停止，间隔 3s M2 停止，间隔 3s M1 停止）。试完成主从站之间的通信及主从站的控制程序编写与调试。

▌任务小结▐

翻转机械手主从站控制是一个典型的小型主从站控制，通过指令向导的建立完成主从站的通信是本次任务的关键。没有正确的指令向导，就无法建立主从站之间的通信，只有在通信的基础上才能分别对主站 PLC226 与从站 PLC224 进行编程与调试，完成主从站翻转机械手的控制过程。

◗ 课后练习 ◖

现有两台电动机 M1、M2，要求在主站上按下启动按钮 I0.0 后，主站控制电动机 M1 起动 3s 后，从站控制电动机 M2 起动；按下主站停止按钮 I0.1 后，从站控制电动机 M2 停止 3s 后主站控制电动机 M1 停止。试完成主从站之间的通信及主从站的控制程序编写。

任务3　龙门机械手主从站的通信与调试

👉 任务引领

本次任务通过对两台西门子 S7-200 PLC 进行主从站的通信连接，应用 Micro/WIN 软件完成指令向导，对龙门机械手主从站进行通信，完成龙门机械手自动控制程序的编写与调试。

🌾 学习目标

（1）了解自动化生产线中主从站的应用。

（2）完成龙门机械手模块的工作功能图的绘制。

（3）完成龙门机械手模块主从站的编程与调试。

建议学时：8 学时。

内容结构：

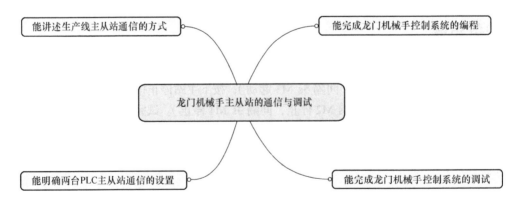

📎 知识链接

一、主从站在生产线上的应用

在自动化生产线控制过程中，经常利用两台或多台 PLC 组成主从站自动控制系统，其中硬件包含传感器、传送带、启动装置和 PLC 控制器，软件包含软件运行流程和界面设置。实验表明，以 PLC 为基础的物料自动分拣系统能够有效提高物料分拣效率、减少分拣误差、降低员工劳动强度，具有较好的应用价值和前景，广泛应用在农副产品加工、食品、医药、电子和化工行业中。

二、PPI 协议

PPI 协议可以是一个主从设备协议，主站设备向从站设备发出请求，从站设备做出应答；从站设备不主动发出信息，而是等候主站设备向其发出请求或查询。主站设备通过 PPI 协议管理的共享连接与从站设备进行通信。

任务描述

通过主从站的通信连接，用主站的启动、停止开关完成从站龙门机械手的分拣控制，控制要求如下：

人工放置三个工件到送料模块，主站控制送料模块推出工件，经传送带送至传送带末端龙门机械手位置（1 号仓位），从站龙门机械手将第一个工件放入 2 号仓位，绿色指示灯常亮；第二个工件放入 3 号仓位，红色指示灯常亮；第三个工件放入 4 号仓位，红色、绿色指示灯同时以 1Hz 频率闪烁。至此完成对工件的分拣。

任务实施

一、龙门机械手主从站控制的编程与调试

步骤 1：主从站 PLC 的 I/O 分配见表 6-5。

表 6-5　主从站 PLC 的 I/O 分配

主站 226				从站 224			
输入		输出		输入		输出	
名称	端口	名称	端口	名称	端口	名称	端口
启动按钮	I0.3	红灯	Q0.4	1 号仓位	I0.0	下降	Q0.0
传送带	I2.4	绿灯	Q0.5	2 号仓位	I0.1	上升	Q0.1
停止按钮	I0.4	送料	Q1.6	3 号仓位	I0.2	左移	Q0.2
		传送带	Q0.0	4 号仓位	I0.3	右移	Q0.3
				停止按钮	I0.4	吸气	Q0.4
						放气	Q0.5

步骤 2：调用指令向导子程序，如图 6-29 所示。

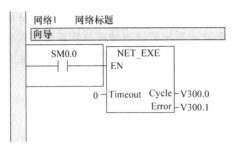

图 6-29 调用指令向导子程序

步骤 3：根据控制要求对主站 226 进行控制程序编写，如图 6-30 所示。

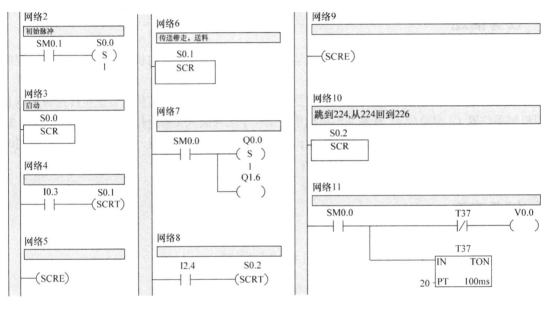

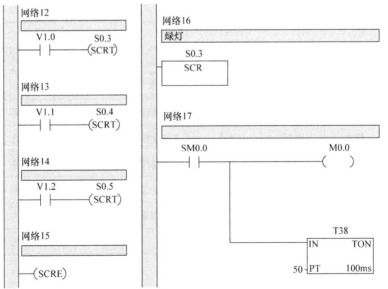

图 6-30 主站 226 的控制程序

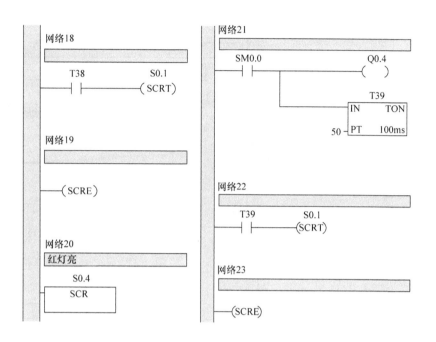

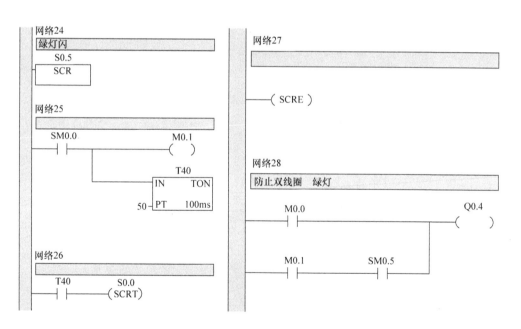

图 6-30　主站 226 的控制程序（续）

步骤 4：根据控制要求对从站 224 进行控制程序编写，如图 6-31 所示。

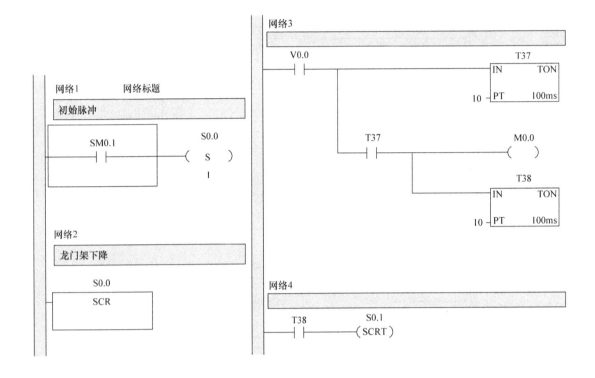

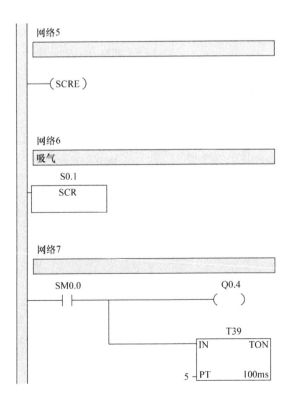

图 6-31 从站

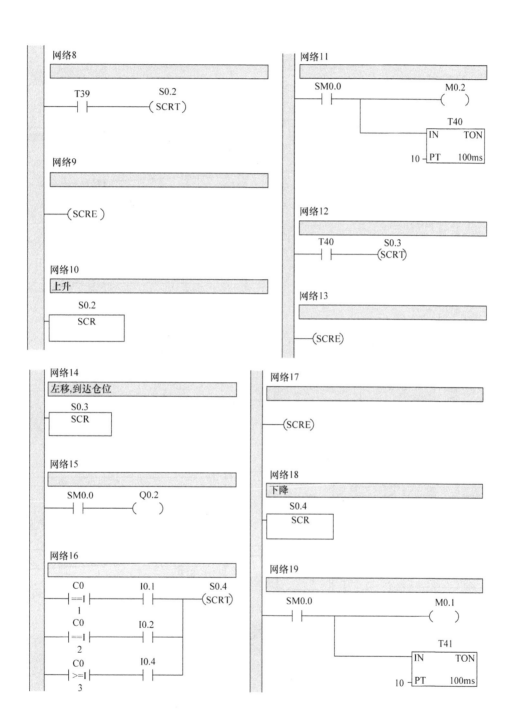

网络8

T39　　　　　　S0.2
├┤├───────（SCRT）

网络9

───（SCRE）

网络10

上升

S0.2
┌─────────┐
│SCR   │
└─────────┘

网络14

左移,到达仓位

S0.3
┌─────────┐
│SCR   │
└─────────┘

网络15

SM0.0　　　Q0.2
├┤├────────（　）

网络16

C0　　　　　I0.1　　　S0.4
==I────────├┤├──────（SCRT）
1
C0　　　　　I0.2
==I────────├┤├
2
C0　　　　　I0.4
>=I────────├┤├
3

网络11

SM0.0　　　　　　　　M0.2
├┤├────┬──────────（　）
　　　　│　　　　　┌──────────┐
　　　　│　　　 T40│   │
　　　　└─────┤IN   TON │
　　　　　　 10┤PT   100ms│
　　　　　　　　　└──────────┘

网络12

T40　　　S0.3
├┤├─────（SCRT）

网络13

───（SCRE）

网络17

───（SCRE）

网络18

下降

S0.4
┌─────────┐
│SCR   │
└─────────┘

网络19

SM0.0　　　　　　　　M0.1
├┤├────┬──────────（　）
　　　　│　　　　　┌──────────┐
　　　　│　　　 T41│   │
　　　　└─────┤IN   TON │
　　　　　　 10┤PT   100ms│
　　　　　　　　　└──────────┘

224 的控制程序

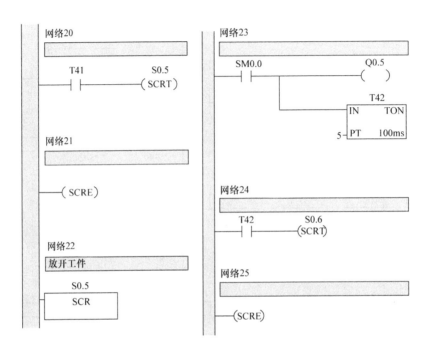

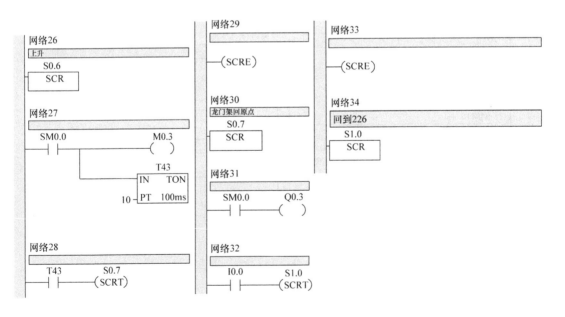

图 6-31 从站 224 的控制程序（续）

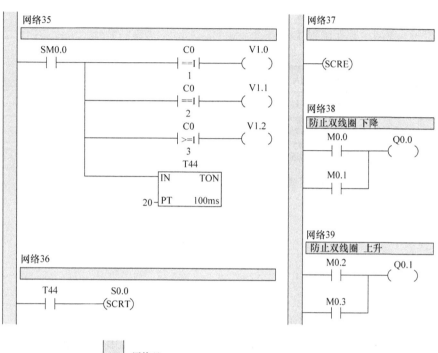

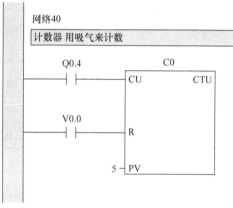

图 6-31　从站 224 的控制程序（续）

二、结果汇报

1）各小组派代表展示小组编写的程序。

2）各小组进行工作岗位的"6S"（整理、整顿、清扫、清洁、安全、素养）管理。小组完成任务后，按照"6S"标准检查工作岗位；归还所借的工（量）具和实习工件。

任务评价

根据任务完成情况，各小组成员进行自我评价，由学生小组组长实施小组评价，最后由教师进行评价，填写表 6-6。

表 6-6　学习任务评价

班级		姓名		学号		日期	年　月　日
学习任务名称：							

自我评价	1	是否完成主从站指令向导的设置	□是　　□否
	2	是否完成龙门机械手主站程序的编写	□是　　□否
	3	是否完成龙门机械手从站程序的编写	□是　　□否
	4	是否完成主从站之间的通信连接与调试	□是　　□否
	你在完成任务的时候，遇到了哪些问题？你是如何解决的？		

小组评价	1	在小组讨论中能积极发言	□优　□良　□中　□差
	2	能积极配合小组成员完成工作任务	□优　□良　□中　□差
	3	在查找资料信息中的表现	□优　□良　□中　□差
	4	能够清晰表达自己的观点	□优　□良　□中　□差
	5	安全意识与规范意识	□优　□良　□中　□差
	6	遵守课堂纪律	□优　□良　□中　□差
	7	积极参与汇报展示	□优　□良　□中　□差

教师评价	综合评价等级： 评语： 教师签名：　　　　　　　年　月　日

📖 任务拓展

通过创建向导建立主从站的通信连接，利用主站 PLC226 的按钮完成对从站 PLC224 运料小车的控制，具体要求为：按下主站启动按钮 SB1，从站控制小车向前运动，压下前限位开关 SQ1 后翻门打开，货物通过漏斗卸下，7s 后关闭漏斗的翻门，小车向后运动，到达后端（即压下后限位开关 SQ2），打开下车底门 5s，将货物卸下。小车进行自动循环，按下主站停止按钮 SB2 后小车停止运行。图 6-32 为运料小车的运行示意图。

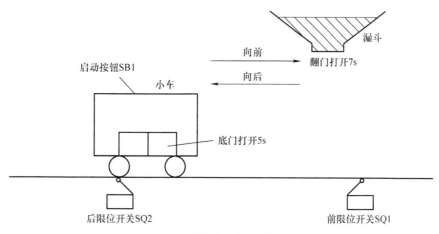

图 6-32　运料小车的运行示意图

任务小结

网络读写指令用于 S7-200 PLC 之间的通信。在网络读写通信中，只有主站需要调用 NETR/NETW 指令。用编程软件中的网络读写指令向导来生成网络读写程序更为简单方便，该向导允许用户最多配置 24 个网络操作。通过建立指令向导完成主从站的通信，这种通信方式在自动化生产线中是比较常用的。

课后练习

利用主站的启动和停止按钮控制从站电动机运行，具体控制要求如下：
1）按下主站启动按钮时，从站电动机 5s 后运行。
2）按下主站停止按钮时，从站电动机必须运行 10s 后才能停止。

项目 7

灌装系统水位控制的编程与调试

7

项目描述

对于初次接触模拟量的人来说，模拟量输入、输出模块的信号处理远比数字量输入、输出模块的信号处理复杂得多，因为它不仅仅涉及程序编程，还涉及模拟量的转换公式推导与使用的问题，不同的传感变送器通过不同的模拟量输入、输出模块进行转换，转换过程相对比较复杂。本项目中灌装系统的水位控制过程就是一个最常见的模拟量输入信号处理过程，通过对灌装系统水位控制的编程与调试，学习模拟量输入信号的处理方法。

任务1 EM235 模块的使用

任务引领

通过对 EM235 模块的学习，认识模拟量模块与数字量模块的不同之处，能根据接线图进行模拟量扩展模块的硬件接线，知道 DIP 设定开关的功能，会对模拟量输入模块进行使用前的校准。

学习目标

（1）能识别 EM235 模拟量模块的输入、输出端子。

（2）能完成 EM235 模拟量模块的硬件接线。

（3）知道 DIP 设定开关的功能。

（4）会对模拟量输入模块在使用前进行校准。

建议课时：4学时。

内容结构：

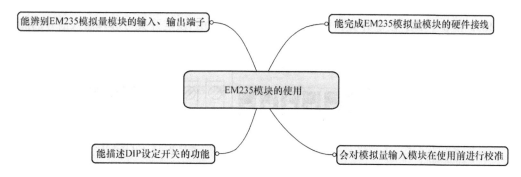

知识链接

一、EM235 模块的认知

西门子 S7-200 的模拟量扩展模块 EM235 含有 4 路输入和 1 路输出，为 12 位数据字格式。其端子及接线图如图 7-1 所示。RA、A+、A- 为第一路模拟量输入通道的端子，RB、B+、B- 为第二路模拟量输入通道的端子，RC、C+、C- 为第三路模拟量输入通道的端子，RD、D+、D- 为第四路模拟量输入通道的端子。M0、V0、I0 为模拟量输出端子，电压输出大小为 -10~10V，电流输出大小为 0~20mA。L+、M 接 EM235 的工作电源。第一路输入通道的输入为电压信号输入，第二路输入通道的输入为电流信号输入。若模拟量输出为电压信号，则接端子 V0 与 M0。

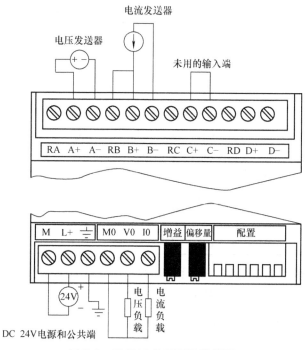

图 7-1   EM235 的端子及接线图

二、DIP 设定开关

EM235 有 6 个 DIP 设定开关，如图 7-2 所示。通过 DIP 设定开关可选择输入信号的满量程和分辨率，把所有的输入信号设置成相同的模拟量输入范围和格式，见表 7-1。

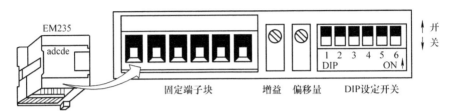

图 7-2　DIP 设定开关

表 7-1　DIP 开关设定表

单极性						满量程输入	分辨率
SW1	SW2	SW3	SW4	SW5	SW6		
ON	OFF	OFF	ON	OFF	ON	0~50mV	12.5μV
OFF	ON	OFF	ON	OFF	ON	0~100mV	25μV
ON	OFF	OFF	OFF	ON	ON	0~500mV	125μV
OFF	ON	OFF	OFF	ON	ON	0~1V	250μV
ON	OFF	OFF	OFF	OFF	ON	0~5V	1.25mV
ON	OFF	OFF	OFF	OFF	ON	0~20mA	5μA
OFF	ON	OFF	OFF	OFF	ON	0~10V	2.5mV
双极性						满量程输入	分辨率
SW1	SW2	SW3	SW4	SW5	SW6		
ON	OFF	OFF	ON	OFF	OFF	± 25mV	12.5μV
OFF	ON	OFF	ON	OFF	OFF	± 50mV	25μV
OFF	OFF	ON	OFF	OFF	OFF	± 100mV	50μV
ON	OFF	OFF	OFF	ON	OFF	± 250mV	125μV
OFF	ON	OFF	OFF	ON	OFF	± 500mV	250μV
OFF	OFF	ON	OFF	ON	OFF	± 1V	500μV
ON	OFF	OFF	OFF	OFF	OFF	± 2.5V	1.25mV
OFF	ON	OFF	OFF	OFF	OFF	± 5V	2.5mV
OFF	OFF	ON	OFF	OFF	OFF	± 10V	5mV

例如压力传感器输出 4~20mA 的信号至 EM235，该信号为单极性信号，则 DIP 设定开关应设为 ON、OFF、OFF、OFF、OFF、ON。

三、EM235 的常用技术规范

EM235 的常用技术规范见表 7-2。

表 7-2　EM235 的常用技术规范

模拟量输入特性	
模拟量输入点数	4
输入范围	电压（单极性）：0~10V，0~5V，0~1V，0~500mV，0~100mV，0~50mV
	电压（双极性）：±10V，±5V，±2.5V，±1V，±500mV，±250mV，±100mV，±50mV，±25mV
	电流：0~20mA
数据字格式	双极性，全量程范围：−32000~32000 单极性，全量程范围：0~32000
分辨率	12 位 A/D 转换器
模拟量输出特性	
模拟量输出点数	1
信号范围	电压输出：±10V 电流输出：0~20mA
数据字格式	电压：−32000~320000 电流：0~32000
分辨率电流	电压：12 位
	电流：11 位

任务描述

　　在教师指导下，以小组合作方式完成 EM235 模拟量模块的硬件接线，并对模拟量输入模块进行使用前的校准。

任务实施

一、模拟量模块的硬件接线

　　如图 7-3 所示，根据 EM235 的端子接线图完成 EM235 模拟量模块的硬件接线。

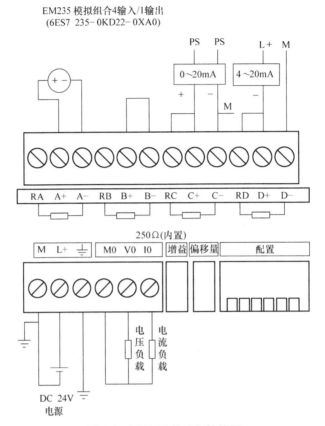

图 7-3 EM235 的端子接线图

步骤 1：图 7-4 所示为 EM235 模块实物，根据 EM235 的端子接线图在实物上完成 EM235 输入、输出端子的接线。

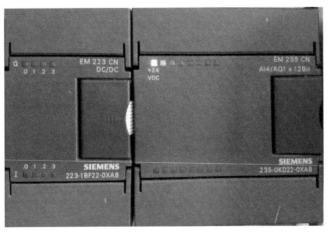

图 7-4 EM235 模块的实物

步骤 2：利用万用表等工具查找 EM235 模块的 I/O 点，并将结果写入表 7-3 中。

表 7-3　设备的 I/O 分配

输入			输出		
名称	接线编号	PLC 输入点	名称	接线编号	PLC 输出点

二、模拟量输入模块使用前的校准

EM235 模块有 6 个 DIP 设定开关，DIP 开关的设定决定了所有的输入设置。也就是说，开关的设置应用于整个模块，开关设置也只有在重新通电后才能生效。模拟量输入模块使用前应进行输入校准。其实出厂前已经进行了输入校准，如果 OFFSET（偏移量）和 GAIN（增益）电位器已被重新调整，需要重新进行输入校准，其步骤如下：

步骤 1：切断模块电源，选择需要的输入范围。

步骤 2：接通 CPU 和模块电源，使模块稳定 15min。

步骤 3：用一个变送器，一个电压源或一个电流源将零值信号加到一个输入端。

步骤 4：读取适当的输入通道在 CPU 中的测量值。

步骤 5：调节 OFFSET（偏移量）电位器，直到读数为零或所需要的数字数据值。

步骤 6：将一个满量程信号接到输入端子中的一个，读出送到 CPU 的值。

步骤 7：调节 GAIN（增益）电位器，直到读数为 32000 或所需要的数字数据值。

步骤 8：必要时，重复"偏移量"和"增益"校准过程。

三、结果汇报

1）各小组派代表展示小组接线情况并汇报，接受全体同学的检查。

2）各小组进行工作岗位的"6S"（整理、整顿、清扫、清洁、安全、素养）管理。小组完成任务后，按照"6S"标准检查工作岗位；归还所借的工（量）具和实习工件。

✍ **任务评价**

根据任务完成情况，各小组成员进行自我评价，由学生小组组长实施小组评价，最后由教师进行评价，填写表 7-4。

表 7-4　学习任务评价

班级		姓名			学号		日期	年　月　日
学习任务名称：								

自我评价	1	是否能识别 EM235 模拟量模块的输入、输出端子	□是	□否		
	2	是否能完成 EM235 模拟量模块的硬件接线	□是	□否		
	3	是否知道 DIP 设定开关的功能	□是	□否		
	4	是否会对模拟量输入模块进行使用前校准	□是	□否		
	你在完成任务的时候，遇到了哪些问题？你是如何解决的？					

小组评价	1	在小组讨论中能积极发言	□优	□良	□中	□差
	2	能积极配合小组成员完成工作任务	□优	□良	□中	□差
	3	在查找资料信息中的表现	□优	□良	□中	□差
	4	能够清晰表达自己的观点	□优	□良	□中	□差
	5	安全意识与规范意识	□优	□良	□中	□差
	6	遵守课堂纪律	□优	□良	□中	□差
	7	积极参与汇报展示	□优	□良	□中	□差

教师评价	综合评价等级： 评语： 教师签名：　　　　　　　　　　年　月　日

📖 任务拓展

按照要求完成锅炉温度设备模拟量系统的安装与调试。现场所采用的设备是：S7-200 PLC 一台，型号为 CPU 226 CN；EM235 模拟量输入模块一块（输入设置为 0~20mA 工作模式；输出设置为 4~20mA）。查找有关设备接线图，完成现场设备的硬件接线。

▌任务小结 ▌

EM235 是模拟量输入模块，CPU 通过此模块可以采集本模块所连接现场的模拟信号，比如压力、流量、温度等。EM235 可接收电流、电压信号，也可连接两线制变送器。EM235 有 4 路模拟量输入通道，同时还包括了 1 路模拟量输出通道，输出电压、电流信号用于连续控制。因此，EM235 在自动化控制领域得到了广泛应用。

课后练习

有一水箱可向外部用户供水，因用户在不同时间段所需要的用水量不同，因而造成了用户出水量不稳定的现象，如果需解决这一问题，可采用什么方案？

任务 2 PID 控制水泵电动机的运行

👉 任务引领

PLC 中数据转换指令是很重要的一类指令，在 PLC 的运算指令中有的指令要求输入的数据必须是整数、浮点数等指定类型，因此在进行运算时就要先将数据转换成指定的类型方可进行。本次任务是通过 PID 实现对水泵电动机运行的控制。PID 是闭环控制系统的比例 - 积分 - 微分控制算法。PID 控制器根据设定值（给定）与被控对象的实际值（反馈）的差值，按照 PID 算法计算出控制器的输出量，然后控制执行机构去影响被控对象的变化。通过本任务的学习，掌握不同数据之间的相互转换及 PID 控制的 PLC 编程。

🌾 学习目标

（1）知道不同数据之间的相互转换指令。
（2）了解 PID 控制指令的功能。
（3）会对模拟量进行数据处理。
（4）会用 PID 控制进行简单编程。
建议课时：8 学时。
内容结构：

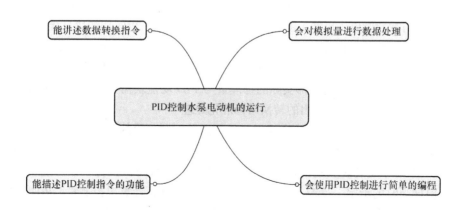

知识链接

一、不同数据之间的相互转换与运算

在进行数据运算时，先要将数据转换成指定的数据类型方可以进行运算，例如：

1）将模拟量输入 AIW0 减去 6400，再转换为实数。

由于没有直接将整数转换为实数的指令，故先将其转换为双整数再转换为实数，其梯形图如图 7-5 所示。

2）实现乘、除、加运算，最终的模拟量转换值存放于 VD32 中，其梯形图如图 7-6 所示。

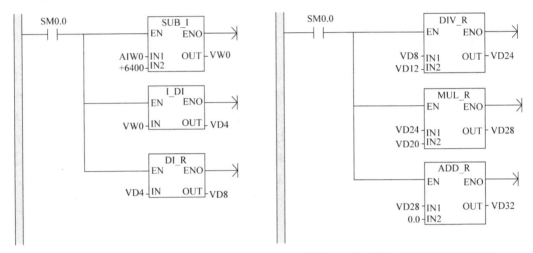

图 7-5　减运算参考梯形图　　　　　　图 7-6　乘、除、加运算参考梯形图

二、PID 控制

PID 调节原理是通过比例、积分、微分（指对输入、输出偏差的作用）调节器（作用）控制输出信号，使符合设定值。由于 PID 可以控制温度、压力等许多对象，而它们都由各自的工程量表示，因此需要借助一种通用的数据表示方法才能被 PID 功能块识别。S7-200 中的 PID 功能块使用占调节范围百分比的方法抽象地表示被控对象的数值大小。在实际工程中，这个调节范围往往被认为与被控对象（反馈）的测量范围（量程）一致。PID 功能块只接收 0~ 1 之间的实数（实际上就是百分数）作为反馈、给定与控制输出的有效数值，如果直接使用 PID 功能块编程，必须保证数据在这个范围之内，否则会出错。其他如增益、采样时间、积分时间、微分时间等都是实数。因此，必须把外部实际的物理量与 PID 功能块需要的（或者输出的）数据之间进行转换。这就是所谓输入 / 输出的转换与标准化处理。

PID 控制最初在模拟量控制系统中使用，随着离散控制理论的发展，PID 控制也可在计算机控制系统中实现。为了便于实现，S7-200 中的 PID 控制采用了迭代算法。在 S7-200 中 PID 功能是通过 PID 指令功能块实现的，通过定时（按照采样时间）执行 PID 功能块，按照 PID 运算规律，根据当时的给定、反馈、比例 – 积分 – 微分数据，计算出控制量。PID 功能块通过一个 PID 回路表交换数据，这个表是在 V 数据存储区中开辟的，长度为 36 字节。因此，每个 PID 功能块在调用时需要指定两个要素：PID 控制回路号和控制回路表的起始地址（以 VB 表

示）。S7-200 的编程软件 Micro/WIN 也提供了 PID 指令向导，用于方便地完成这些转换 / 标准化处理。除此之外，PID 指令也同时会被自动调用。

三、调试 PID 控制器

PID 控制的效果如何就要看反馈（也就是控制对象）是否跟随设定值（给定），是否响应快速、稳定，是否能够抑制闭环中的各种扰动而回复稳定。要衡量 PID 参数是否合适，必须能够连续观察反馈对于给定变化的响应曲线；而实际上 PID 的参数也是通过观察反馈波形曲线进行调试的。因此，没有能够观察反馈连续变化波形曲线的有效手段，就谈不上调试 PID 参数。要观察反馈量的连续波形曲线，可以使用带慢扫描记忆功能的示波器（如数字示波器）、波形记录仪或者在 PC 上做的趋势曲线监控画面等。新版编程软件 STEP 7 - Micro/WIN V4.0 内置了一个 PID 调试控制面板工具，具有图形化的给定、反馈、调节器输出波形显示，可以用于手动调试 PID 参数，对于没有"自整定 PID"功能的旧版 CPU，也能实现 PID 手动调节。PID 参数的取值以及它们之间的配合，对 PID 控制是否稳定具有重要的意义。

任务描述

PID 控制水泵电动机的运行，具体控制要求是：使用启动按钮 I0.0、停止按钮 I0.1 控制水泵电动机 Q0.0 的运行。请用 PID 控制完成，并在触摸屏上监控水位的变化。其中，PLC 与压力传感器、变频器的连接电路如图 7-7 所示。

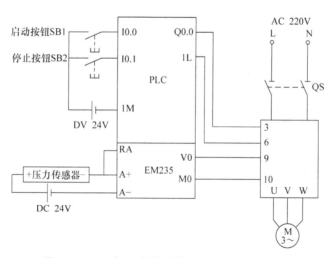

图 7-7 PLC 与压力传感器、变频器的连接电路

任务实施

一、PID 控制水泵电动机的运行

步骤 1：PLC 的 I/O 分配见表 7-5。

表 7-5　PLC 的 I/O 分配

名称	PLC 输入点	名称	PLC 输出点
启动按钮	I0.0	水泵电动机	Q0.0
停止按钮	I0.1		

步骤 2：设置变频器参数。西门子 G110 变频器的参数设置见表 7-6。

表 7-6　G110 变频器的参数设置

参数号	参数名称	设定值	说明
P0304	电动机的额定电压	220	单位为 V
P0305	电动机的额定电流	0.5	单位为 A
P0306	电动机的额定功率	0.75	单位为 kW
P0310	电动机的额定频率	50	单位为 Hz
P0311	电动机的额定转速	1460	单位为 r/min
P0700	选择命令信号源	2	由端子排输入
P1000	选择频率设定值	2	模拟设定值
P1080	最小频率	5	单位为 Hz

步骤 3：PLC 的编程符号表见表 7-7。

表 7-7　PLC 的编程符号

符号	地址	注释
设定值	VD204	范围为 0 ~ 1 的实数
回路增益	VD212	
采样时间	VD216	
积分时间	VD220	
微分时间	VD224	
控制量输出	VD208	范围为 0~1 的实数
检测值	VD220	范围为 0~1 的实数
启动按钮	I0.0	
停止按钮	I0.1	
触摸屏位设定值	VD100	范围为 0~200 的实数
触摸屏显示液位值	VD110	范围为 0~200 的实数

步骤 4：PLC 程序如图 7-8 所示。

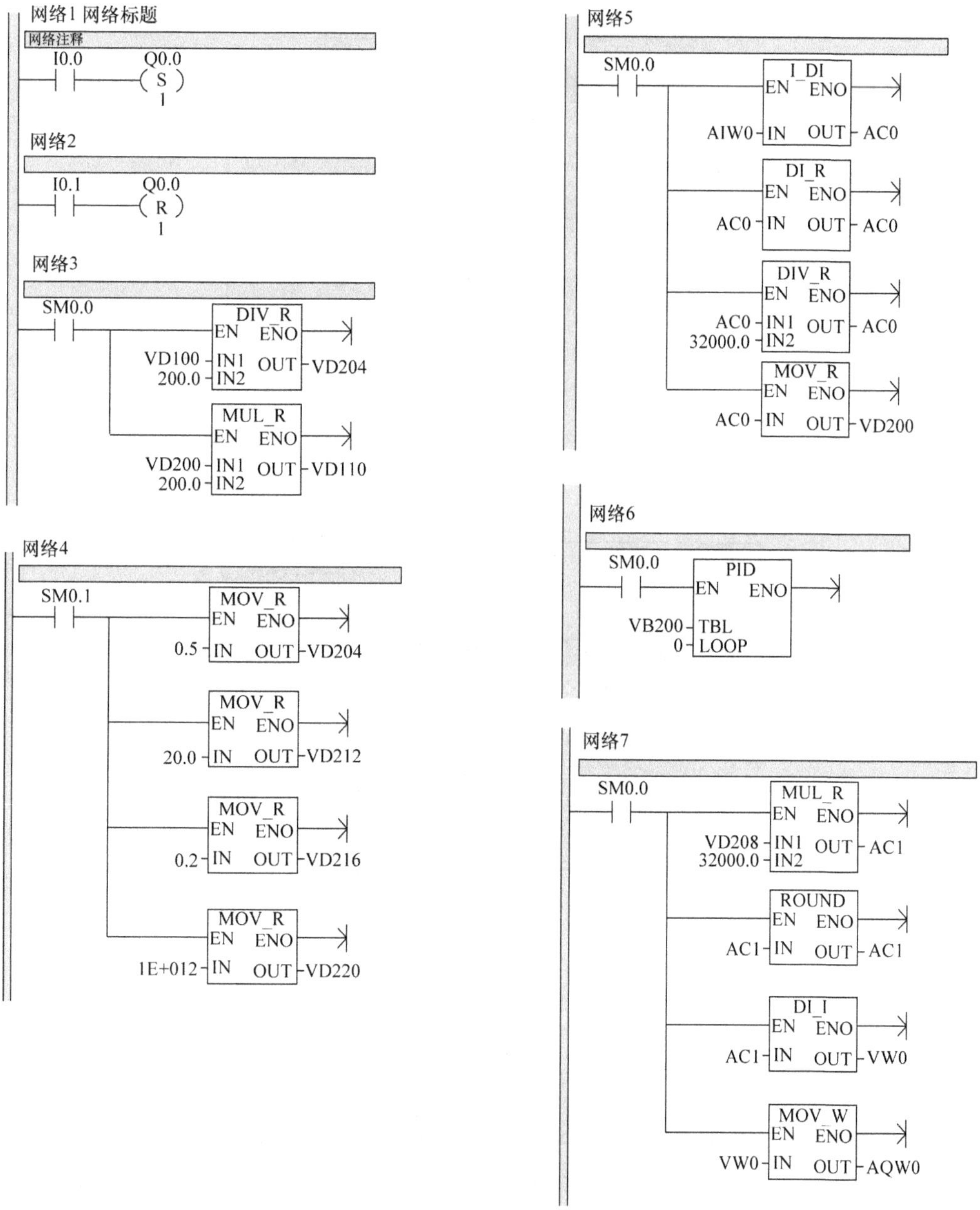

网络1 网络标题

网络注释

```
  I0.0        Q0.0
 ─┤├─────────( S )
              1
```

网络2

```
  I0.1        Q0.0
 ─┤├─────────( R )
              1
```

网络3

```
 SM0.0        ┌─────────────┐
 ─┤├──────────┤EN DIV_R  ENO├──
              │             │
      VD100 ──┤IN1       OUT├── VD204
      200.0 ──┤IN2          │
              └─────────────┘
              ┌─────────────┐
              ┤EN MUL_R  ENO├──
              │             │
      VD200 ──┤IN1       OUT├── VD110
      200.0 ──┤IN2          │
              └─────────────┘
```

网络4

```
 SM0.1        ┌─────────────┐
 ─┤├──────────┤EN MOV_R  ENO├──
              │             │
        0.5 ──┤IN       OUT├── VD204
              └─────────────┘
              ┌─────────────┐
              ┤EN MOV_R  ENO├──
              │             │
       20.0 ──┤IN       OUT├── VD212
              └─────────────┘
              ┌─────────────┐
              ┤EN MOV_R  ENO├──
              │             │
        0.2 ──┤IN       OUT├── VD216
              └─────────────┘
              ┌─────────────┐
              ┤EN MOV_R  ENO├──
              │             │
     1E+012 ──┤IN       OUT├── VD220
              └─────────────┘
```

网络5

```
 SM0.0        ┌─────────────┐
 ─┤├──────────┤EN I_DI   ENO├──
              │             │
       AIW0 ──┤IN       OUT├── AC0
              └─────────────┘
              ┌─────────────┐
              ┤EN DI_R   ENO├──
              │             │
        AC0 ──┤IN       OUT├── AC0
              └─────────────┘
              ┌─────────────┐
              ┤EN DIV_R  ENO├──
              │             │
        AC0 ──┤IN1      OUT├── AC0
    32000.0 ──┤IN2          │
              └─────────────┘
              ┌─────────────┐
              ┤EN MOV_R  ENO├──
              │             │
        AC0 ──┤IN       OUT├── VD200
              └─────────────┘
```

网络6

```
 SM0.0        ┌─────────────┐
 ─┤├──────────┤EN PID    ENO├──
              │             │
      VB200 ──┤TBL          │
          0 ──┤LOOP         │
              └─────────────┘
```

网络7

```
 SM0.0        ┌─────────────┐
 ─┤├──────────┤EN MUL_R  ENO├──
              │             │
      VD208 ──┤IN1      OUT├── AC1
    32000.0 ──┤IN2          │
              └─────────────┘
              ┌─────────────┐
              ┤EN ROUND  ENO├──
              │             │
        AC1 ──┤IN       OUT├── AC1
              └─────────────┘
              ┌─────────────┐
              ┤EN DI_I   ENO├──
              │             │
        AC1 ──┤IN       OUT├── VW0
              └─────────────┘
              ┌─────────────┐
              ┤EN MOV_W  ENO├──
              │             │
        VW0 ──┤IN       OUT├── AQW0
              └─────────────┘
```

图 7-8 PLC 程序

步骤 5：触摸屏监控。

图 7-9 所示为水位控制画面。

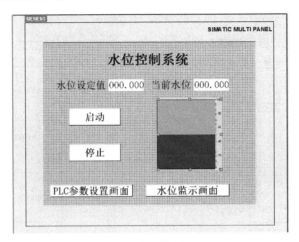

图 7-9　水位控制画面

图 7-10 所示为 PID 参数设置画面。

图 7-10　PID 参数设置画面

二、结果汇报

1）各小组派代表演示小组编好的程序和设计的触摸屏，接受全体同学的检查。

2）各小组进行工作岗位的"6S"（整理、整顿、清扫、清洁、安全、素养）管理。小组完成任务后，按照"6S"标准检查工作岗位；归还所借的工（量）具和实习工件。

任务评价

根据任务完成情况，各小组成员进行自我评价，由学生小组组长实施小组评价，最后由教师进行评价，填写表 7-8。

表 7-8 学习任务评价

班级			姓名			学号		日期	年 月 日
学习任务名称：									
自我评价	1	是否知道不同数据之间的相互转换指令				□是	□否		
	2	是否了解 PID 控制指令的功能				□是	□否		
	3	是否会对模拟量进行数据处理				□是	□否		
	4	是否会用 PID 控制进行简单编程				□是	□否		
	你在完成任务的时候，遇到了哪些问题？你是如何解决的？								
小组评价	1	在小组讨论中能积极发言			□优	□良	□中	□差	
	2	能积极配合小组成员完成工作任务			□优	□良	□中	□差	
	3	在查找资料信息中的表现			□优	□良	□中	□差	
	4	能够清晰表达自己的观点			□优	□良	□中	□差	
	5	安全意识与规范意识			□优	□良	□中	□差	
	6	遵守课堂纪律			□优	□良	□中	□差	
	7	积极参与汇报展示			□优	□良	□中	□差	
教师评价	综合评价等级： 评语： 教师签名： 年 月 日								

任务拓展

用 PID 控制两台水泵电动机的运行，具体控制要求是：使用启动按钮 I0.0、停止按钮 I0.1 分别控制两台水泵电动机 Q0.0、Q0.1 的运行。请用 PID 控制完成（采集参数量自定）。

> **想一想** 在对模拟量进行数据处理时，通常需要哪几种数据之间的转换？

任务小结

PID 过程控制是自动化控制中最基本的控制技术。P 就是比例，就是输入偏差乘以一个系数；I 就是积分，就是对输入偏差进行积分运算；D 就是微分，就是对输入偏差进行微分运算。它可应用在温度、压力、流量、液位和速度等模拟量的处理中。通过模拟量和数字量之间的 A/D 转换及 D/A 转换，使 PLC 可用于模拟量控制中。

课后练习

在水位自动控制中，假设给定量为满水位的 75%，被控水位（为单极性信号）由液位计检测后经 A/D 转换送入 PLC，用于控制水泵的转速控制量信号由 PLC 执行 PID 指令后以单极性信号经 D/A 转换后送出。试将采集的水位量数据转换为输出量（采集参数量自定）。

任务 3　灌装系统的水位控制

👉 任务引领

灌装系统从结构上主要包括三部分：储水罐、灌装主机和控制系统。储水罐一般位于机器的上部，是一个带有水位传感器和进水电磁阀的常压罐。水经抽水泵抽入罐内，当达到上限水位时，水位传感器送出信号，由 PLC 控制抽水泵关闭停止进水，当水位下降到下限水位时，能打开抽水泵再次进水。储水罐下部有出水口经电磁阀、管道与回水箱相连，当水位达到上限水位时，电磁阀打开后开始泄水，当水位达到下限水位时，电磁阀关闭后停止泄水。

学习目标

（1）知道自动控制系统的组成。
（2）了解灌装系统水位控制的工作过程。
（3）会用触摸屏实时监控灌装系统的水位变化。
（4）能对灌装系统的水位控制进行编程与调试。
建议学时：8 学时。
内容结构：

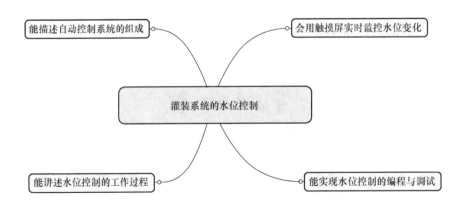

知识链接

一、自动控制系统的基本组成

自动控制系统（Automatic Control System）是在无人直接参与下可使生产过程或其他过程按期望规律或预定程序进行的控制系统。自动控制系统是实现自动化的主要手段，简称自控系统。自动控制系统主要由控制器、被控对象、执行机构和变送器四个环节组成。按控制原理的不同，自动控制系统可分为开环控制系统和闭环控制系统。在开环控制系统中，系统输出只受输入的控制，控制精度和抑制干扰的特性都比较差。开环控制系统主要用于机械、化工行业中物料装卸、运输等过程的控制以及机械手和自动化生产线中。闭环控制系统是建立在反馈原理基础上的，利用输出量同期望值的偏差对系统进行控制，可获得比较好的控制性能。闭环控制系统又称为反馈控制系统，主要用于生产过程中温度、压力、流量、水位高度、电动机转速等的自动控制。随着控制理论和控制技术的发展，自动控制系统的应用领域还在不断扩大。

二、灌装系统介绍

图 7-11 所示为灌装系统的结构组成，主要配件有排水阀、回水箱、进水管、供水管、储水罐、水位标等，主要元件和设备包括 EM235 模块、水位传感器、电磁阀、抽水泵及其控制系统。

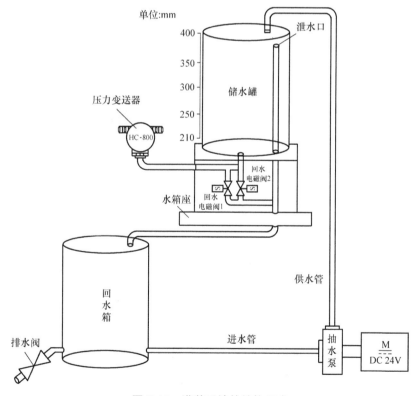

图 7-11 灌装系统的结构组成

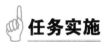

任务描述

完成灌装系统的水位控制，具体要求如下：现有两种规格相同、颜色不同的空瓶，当空瓶送至 1 号仓位后，由四工位搬运机械手将空瓶搬运至灌装工台（2 号仓）进行灌装，黑色瓶灌装量为 30mm，白色瓶灌装量为 35mm，灌装误差要求小于 ±2mm，水位控制分为手动、自动两种控制方式，并要求在触摸屏上监控灌装水位的变化。

任务实施

一、灌装系统的水位手动控制

控制要求如下：

1）手动按下进水按钮，进水指示灯亮，抽水泵开启，开始注水，实时监控进水量，同时在储水罐上动态显示水位刻度。

2）手动按下出水按钮，出水指示灯亮，电磁阀开启，开始放水，实时监控排水量，同时在储水罐上动态显示水位刻度。

3）具有水位手动控制与水位自动控制切换功能。

步骤 1：灌装系统水位手动控制 HMI 触摸屏界面的设计如图 7-12 所示。

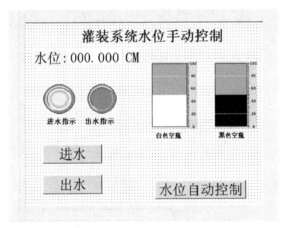

图 7-12　灌装系统水位手动控制界面

步骤 2：灌装系统水位手动控制程序的 I/O 分配见表 7-9。

表 7-9　灌装系统水位手动控制程序的 I/O 分配表

名称	PLC 输入点	名称	PLC 输出点
水位传感器	AIW0	抽水泵	AQW0
进水按钮	I0.3	电磁阀	Q1.7
排水按钮	I0.4	进水指示灯	Q0.4
		排水指示灯	Q0.5

步骤 3：灌装系统水位手动控制参考程序如图 7-13 所示。

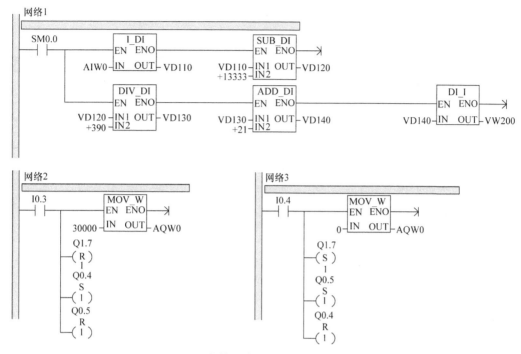

图 7-13 灌装系统水位手动控制参考程序

二、灌装系统的水位自动控制

控制要求如下：

1）按启动按钮，灌装系统开始抽水，水位达到上限水位时抽水泵停止运行；水位低于下限水位时抽水泵才能开始运行；水位达到上限水位后电磁阀才能打开；水位低于下限水位时电磁阀关闭。

2）按停止按钮，储水箱排水完成后停止工作。

3）按急停按钮，系统紧急停机。

4）按复位按钮，系统复位。

5）具有水位手动控制与水位自动控制切换功能。

步骤 1：灌装系统水位自动控制 HMI 触摸屏界面的设计如图 7-14 所示。

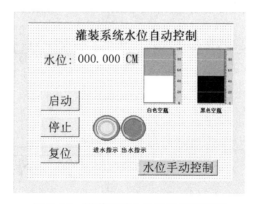

图 7-14 灌装系统水位自动控制界面

步骤 2：灌装系统水位自动控制程序的 I/O 分配见表 7-10。

表 7-10　灌装系统水位自动控制程序的 I/O 分配

名称	PLC 输入点	名称	PLC 输出点
水位传感器	AIW0	抽水泵	AQW0
启动按钮	I0.3	电磁阀	Q1.7
停止按钮	I0.4	进水指示灯	Q0.4
复位按钮	I0.5	排水指示灯	Q0.5
急停按钮	I0.6		

步骤 3：灌装系统水位自动控制参考程序如图 7-15 所示。

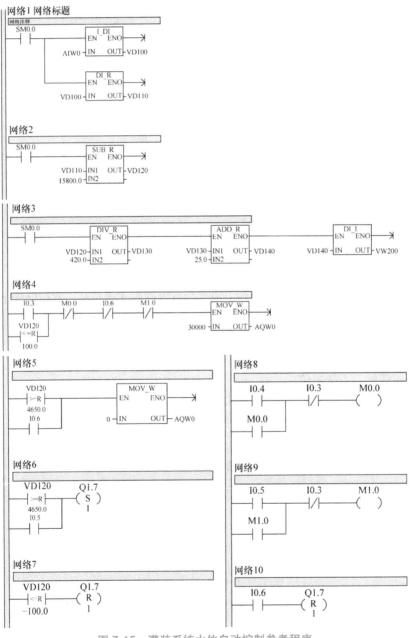

图 7-15　灌装系统水位自动控制参考程序

三、结果汇报

1）各小组派代表演示小组编好的程序，接受全体同学的检查。

2）各小组进行工作岗位的"6S"（整理、整顿、清扫、清洁、安全、素养）管理。小组完成任务后，按照"6S"标准检查工作岗位；归还所借的工（量）具和实习工件。

✍ 任务评价

根据任务完成情况，各小组成员进行自我评价，由学生小组组长实施小组评价，最后由教师进行评价，填写表 7-11。

表 7-11　学习任务评价

班级		姓名		学号		日期	年　月　日
学习任务名称：							
自我评价	1	是否知道自动控制系统的组成	□是　　□否				
	2	是否了解灌装系统水位控制的工作过程	□是　　□否				
	3	是否会用触摸屏实时监控灌装系统的水位变化	□是　　□否				
	4	是否会对灌装系统的水位控制进行编程与调试	□是　　□否				
	你在完成任务的时候，遇到了哪些问题？你是如何解决的？						
小组评价	1	在小组讨论中能积极发言	□优　　□良　　□中　　□差				
	2	能积极配合小组成员完成工作任务	□优　　□良　　□中　　□差				
	3	在查找资料信息中的表现	□优　　□良　　□中　　□差				
	4	能够清晰表达自己的观点	□优　　□良　　□中　　□差				
	5	安全意识与规范意识	□优　　□良　　□中　　□差				
	6	遵守课堂纪律	□优　　□良　　□中　　□差				
	7	积极参与汇报展示	□优　　□良　　□中　　□差				
教师评价	综合评价等级： 评语： 教师签名：　　　　　　年　月　日						

想一想　　在灌装系统水位自动控制过程中，当水位超出上限值（黑色瓶灌装量为 30mm，白色瓶灌装量为 35mm，灌装误差要求小于 ±2mm）时系统需报警提示水位超限。如何编写系统报警程序？

📖 任务拓展

有一水箱可向外部用户供水，用户用水量不稳定，现需对水箱进行恒水位控制，如果出水量少则要控制进水量也少，如果出水量大则要控制进水量也大，保持水位恒定达到恒压供水的目的。根据任务要求确定所需要的元件及设备，并画出水箱水位控制过程功能图。水箱示意图如图 7-16 所示。

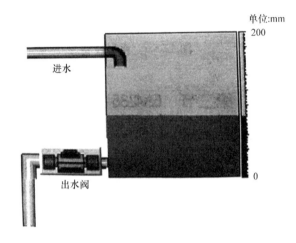

图 7-16　水箱示意图

任务小结

灌装系统的水位控制是一个模拟量控制，通过水位传感器将采集到的模拟量传送给 PLC 的 EM235 模块，经过 PLC 的数据转换、逻辑运算、比较运算等，最终将模拟信号转换为数字信号，实现 PLC 的控制。

课后练习

水箱示意图如图 7-16 所示。根据水箱水位控制过程功能图，编写 PLC 控制程序。

提示：因为液位高度与水箱底部的水压成正比，故可用一个压力传感器来检测水箱底部压力，从而确定液位高度。要控制水位恒定，需用 PID 算法对水位进行自动调节。把压力传感器检测到的水位信号（4~20mA）送入 PLC 中，在 PLC 中对设定值与检测值的偏差进行 PID 运算，运算结果输出去调节水泵电动机的转速，从而调节进水量。水泵电动机可由变频器来进行调速。

项目 8

自动分拣灌装生产线的综合编程与调试

8

> 项目描述

随着现代工业的不断发展，自动化控制技术已广泛应用在食品、医药、日化等行业，自动化生产线的应用大大提高了企业的产品质量与效益。通过本任务的学习，学生能够完成自动分拣灌装生产线控制程序的编写与调试。

👉 任务引领

自动分拣灌装生产线由西门子变频器、触摸屏、PLC 等设备组成，具有定向出料、分拣、翻转、灌装、入仓、调速、监控等多个功能模块。每个功能模块既能独立完成特定的功能，又能按生产工艺的要求组成一条完整的自动分拣灌装生产线。自动分拣灌装生产线集 PLC 编程技术、气动技术、传感器技术、变频器技术、现场总线技术、触摸屏组态技术、电动机调速控制技术、机械传动技术于一体，是企业中最常见、最典型的生产线。通过本任务学习能根据任务要求，设计自动分拣灌装生产线的动作功能图，完成自动分拣灌装生产线控制程序的编写与调试。

🥕 学习目标

（1）会描述自动分拣灌装生产线的应用及分类。

（2）能叙述自动分拣灌装生产线的工作原理及组成。

（3）能根据任务要求利用功能图软件画出符合控制要求的功能图。

（4）能完成自动分拣灌装生产线的编程与调试。

建议学时：12 学时。

内容结构：

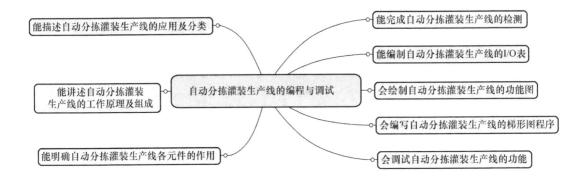

知识链接

一、自动分拣灌装生产线概述

自动分拣灌装生产线可分为三个独立的功能工作站。一站是四工位龙门机械手入仓工作站，可以实现工件的定向出料、分拣、入仓、调速、监控等功能，如图 8-1 所示；二站是翻转机械手工作站，可实现工件方向的调整功能，如图 8-2 所示；三站是双箱式过程控制工作站，可实现双箱式恒压供水过程控制，如图 8-3 所示。

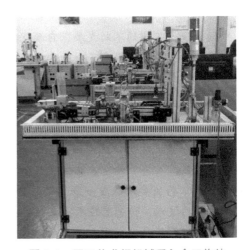

图 8-1　四工位龙门机械手入仓工作站

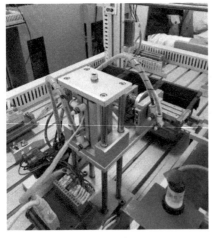

图 8-2　翻转机械手工作站

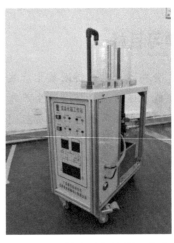

图 8-3　双箱式过程控制工作站

二、功能模块的组成及主要配置

1. 四工位龙门机械手入仓工作站

1）送料系统能实现物料的定向输出且定位精准，包含 16×60 标准气缸 1 个、配磁感应器 1 个、电磁阀 1 个、光电式传感器 1 个、工件仓 1 个、标准接口板 1 块。

2）输送机能对物料可调速传送，包含 60×400mm 模拟工业传送带 1 条，MD320NS0.4GB、220V、0.4kW 变频器（带通信接口）1 个，220V 三相异步电动机 1 台，欧姆龙编码器 1 个，传感器 3 个，标准接口板 1 块。

3）四工位龙门机械手能对物料进行入仓，包含龙门架 1 个、磁感应器 4 个、SMC 电磁阀 3 个、标准接口板 1 块、真空吸盘 1 个。

4）电器控制板包含西门子 S7-226 CN1 台、剩余电流断路器、交流接触器、开关电源 1 套。

5）开关控制面板可点动，整机控制工作站的启停，并带报警功能。

6）G110 变频器 1 台。

7）7 英寸（in，1in≈0.0254m）触摸屏、TFT 液晶显示屏、LED 背光、真彩、嵌入式组态系统。

2. 翻转机械手工作站

翻转机械手能对物料进行 180° 的翻转，包含 24V 电动机 1 台、磁感应器 2 个、电磁阀 2 个。

3. 双箱式过程控制工作站

双箱式恒压供水过程控制终端 1 套，压力变送器 2 个，水压电控阀 1 个，不锈钢机架（500mm×600mm×1200mm）1 台，手控阀 3 个，模拟量模块 1 台。

三、编程知识点

1. 特殊标志字节

特殊标志字节 SMB0 有 8 位（SM0.0 ~ SM0.7），每次扫描周期结束时由 S7-200 PLC 更新。通过这些位，可以在程序内实现很多功能。

SM0.0：该位始终为 "1"。

SM0.1：仅在第一个周期为 "1"，可用于调用初始化子程序等。

SM0.2：如果保持性数据丢失，则该位将保持一个扫描周期的 "1" 信号。该位可用做故障位或作为一种调用特定启动时序的机制。

SM0.3：每次通电进入 RUN 模式时，在一个扫描周期内该位保持 "1" 信号，这样操作开始前可为工作站提供一个预热时间。

SM0.4：该位提供一个时钟脉冲，即当扫描周期为 1min 时，该位分别保持 30s 的 "1" 信号以及 30s 的 "0" 信号。这样就很容易能得到一个时间延迟或一个 1min 的时钟脉冲。

SM0.5：该位提供一个时钟脉冲，即当扫描周期为 1s 时，该位分别保持 0.5s 的 "1" 信号以及 0.5s 的 "0" 信号。这样就很容易能得到一个时间延迟或一个 1s 的时钟脉冲。

SM0.6：该位为扫描周期时钟，即一个扫描周期内为信号 "1"，下一个扫描周期内为信号 "0"。它可以作为扫描计数器的输入端。

SM0.7：该位指示了 CPU 模式选择开关当前的位置（0 = TERM，1 = RUN）。如果开关在 RUN 模式下，该位用于使能自由编程通信，则当开关切换到 TERM 时，该位可以使能与编程设备的常规通信。

2. 带可调电位器的接通延时定时器

带可调电位器的接通延时定时器有两个特殊标志字节 SMB28 和 SMB29。

SMB28：此字节存储模拟（调节）电位器 0 的输入值。STOP/RUN 期间的每个扫描周期更新一次此字节的值。

SMB29：此字节存储模拟（调节）电位器 1 的输入值。STOP/RUN 期间的每个扫描周期更新一次此字节的值。

✎ 任务描述

自动分类灌装生产线的编程与调试是一个综合任务，控制要求如下：PLC 主站负责推瓶装置、传送带、水平推杆、四工位龙门机械手以及灌装系统的控制，从站负责翻转机械手的控制。有缺陷的空瓶（白色）由水平推杆推至废品区，合格的空瓶（分黑色、银色两种）经翻转机械手调整姿态后瓶口全部朝上。四工位龙门机械手先将空瓶搬至 2 号工位灌装（灌装至液位为300mm），灌装完毕后将黑色瓶放至 3 号工位，将银色瓶放至 4 号工位。有自动循环运行和单周运行两种模式。全线运行时有原点、缺料、供料不足及运行指示，单周运行时不需要指示灯指示。

具体控制要求如下：

一、自动循环运行模式

1. 自动循环运行启动条件

1）各运动机构处于原点位置。

2）推瓶装置中有空瓶。

2. 启动

按下启动按钮后，若自动循环运行启动条件满足，自动生产线将按工艺流程对推瓶装置中的空瓶进行灌装。

3. 停止

按下停止按钮后，自动生产线应在处理完已推出的空瓶后方可停机。

4. 报警

推瓶装置中无瓶时应给出报警信息，传送带转入低速节能运行模式，在此期间若在推瓶装置中放入瓶子，则重新进入正常工作流程。

二、回归原点工作模式

回归原点工作模式主要用于急停或故障停机后的原点状态恢复。按下回归原点启动按钮后，所有运动机构自动返回原点位置，各运动机构的原点位置如下所述：

1）推瓶装置：推瓶气缸活塞杆内缩。

2）水平推杆：气缸内缩。

3）翻转机械手：垂直升降气缸活塞杆内缩，气动手指水平放置并处于张开状态。

4）龙门机械手：水平气缸位于 1 号工位，垂直气缸活塞杆内缩，吸盘处于放松状态。

三、灌装系统的控制功能

1）实现灌装量的精确计量，灌装量为 300mm（液位），灌装误差要求小于 ±2mm。

2）液位低于上限液位时抽液泵才能启动运行。

3）为保证灌装的准确性，要求抽液泵停止工作 1s 以上才能灌装，灌装结束 1s 以上才能补液。

四、灌装生产线的安全性要求

1）通电后系统不得自行启动。

2）具有紧急停机功能。

① 紧急停机时所有执行机构应立即停止动作。

② 紧急停机时不得有物件跌落。

③ 紧急停机状态解除后，按下复位按钮后，系统才能重新启动。

3）自动循环运行、回归原点运动过程中运动部件不得发生碰撞。

4）系统应在突出位置配备专用的信号指示灯，分别对原点（绿灯闪）、缺料（红灯闪）、停止（红灯亮）、运行（绿灯亮）和故障（蜂鸣器响）状态进行指示。

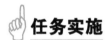 **任务实施**

一、自动分拣灌装生产线控制程序的编写过程

步骤 1：检测自动分拣灌装生产线中各模块的功能是否正常，并将各元件检测情况填写在表 8-1 中。

表 8-1　自动分拣灌装生产线检测

编号	名称	是否正常	功能

步骤 2：根据自动分拣灌装生产线的控制要求完成表 8-2、表 8-3 的填写。

表 8-2　自动分拣灌装生产线主站的 I/O 分配

PLC 输入端子		PLC 输出端子	
	编码器（A 相）		变频器反转
	编码器（B 相）		变频器高速
	编码器（Z 相）		变频器低速
	急停按钮		红色信号灯
	停止按钮		绿色信号灯
	启动按钮		报警蜂鸣器
	复位按钮		滑台左移
	单机模式		滑台右移
	联机模式		吸盘上升
	1 号工位（左限位）		吸盘下降
	2 号工位		吸盘吸紧
	3 号工位		吸盘放开
	4 号工位（右限位）		推料气缸
	吸盘上限位		送料气缸
	吸盘下限位		灌装阀
	材质辨别		
	颜色辨别		
	姿势辨别		
	传送带末端		
	推料气缸后限位		
	送料气缸后限位		
	工件检测传感器		

表 8-3　自动分拣灌装生产线从站的 I/O 分配

PLC 输入端子		PLC 输出端子	
	翻转机械手上限位		翻转机械手升降
	翻转机械手下限位		翻转机械手夹紧
	翻转机械手左限位		翻转机械手松开
	翻转机械手右限位		翻转机械手反转
			翻转机械手正转

　　步骤 3：使用功能图软件根据自动分拣灌装生产线的控制要求绘制功能图，可参考图 8-4、图 8-5 所示的功能图。

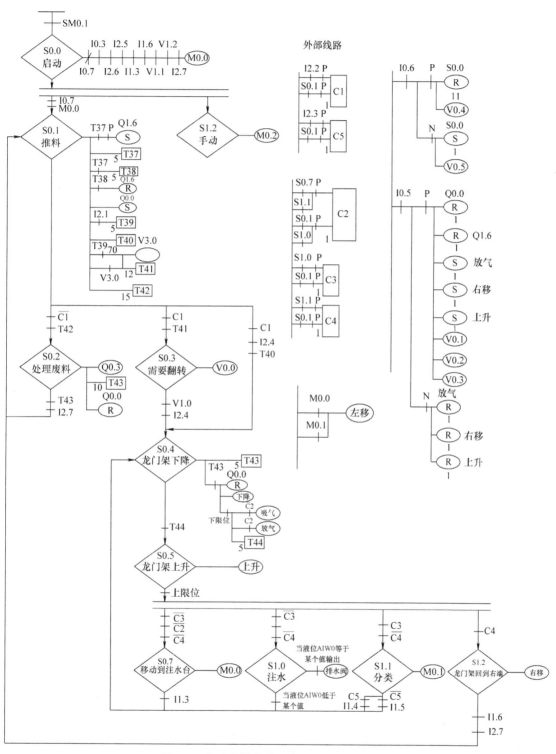

图 8-4　自动分拣灌装生产线主站参考功能图

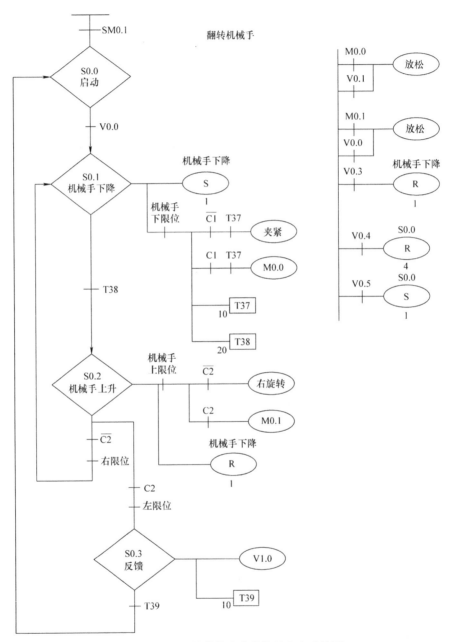

图 8-5　自动分拣灌装生产线从站参考功能图

步骤 4：根据自动分拣灌装生产线的控制要求绘制 HMI 画面，可参考图 8-6 所示的 HMI 画面。

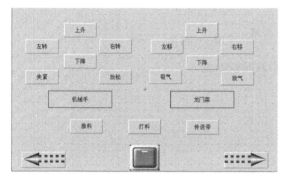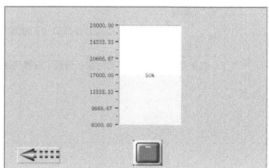

图 8-6 自动分拣灌装生产线 HMI 参考画面

步骤 5：根据自动分拣灌装生产线的控制功能图进行控制程序的编写。

步骤 6：根据要求对自动分拣灌装生产线进行调试并做好过程记录。

二、结果汇报

1）各小组派代表演示小组编好的程序，接受全体同学的检查。

2）各小组进行工作岗位的"6S"（整理、整顿、清扫、清洁、安全、素养）管理。小组完成任务后，按照"6S"标准检查工作岗位；归还所借的工（量）具和实习工件。

✍ **任务评价**

根据任务完成情况，各小组成员进行自我评价，由学生小组组长实施小组评价，最后由教师进行评价，填写表 8-4。

表 8-4　学习任务评价

班级			姓名			学号		日期		年　月　日
学习任务名称：										
自我评价	1	是否能完成学习任务				□是　　□否				
	2	是否会叙述自动分拣灌装生产线的应用及分类				□是　　□否				
	3	是否知道自动分拣灌装生产线的工作原理及组成				□是　　□否				
	你在完成第一个任务的时候，遇到了哪些问题？你是如何解决的？									
	1	是否会绘制自动分拣灌装生产线控制的功能图				□是　　□否				
	2	是否正确完成自动分拣灌装生产线 HMI 画面的绘制				□是　　□否				
	3	是否正确完成自动分拣灌装生产线的编程与调试				□是　　□否				
	你在完成第二个任务的时候，遇到了哪些问题？你是如何解决的？									
	1	是否能独立完成工作页的填写				□是　　□否				
	2	是否能按时上、下课，着装是否规范				□是　　□否				
	3	学习效果自评等级				□优　　□良　　□中　　□差				
	总结与反思：									
小组评价	1	在小组讨论中能积极发言				□优	□良	□中	□差	
	2	能积极配合小组成员完成工作任务				□优	□良	□中	□差	
	3	在查找资料信息中的表现				□优	□良	□中	□差	
	4	能够清晰表达自己的观点				□优	□良	□中	□差	
	5	安全意识与规范意识				□优	□良	□中	□差	
	6	遵守课堂纪律				□优	□良	□中	□差	
	7	积极参与汇报展示				□优	□良	□中	□差	
教师评价	综合评价等级：评语：									
						教师签名：　　　　年　月　日				

任务拓展

自动分拣灌装生产线使用两台 S7-200 PLC 利用 MPI 协议构建了控制系统，根据控制系统使用的硬件填写项目需求配置，见表 8-5。

表 8-5　项目需求配置

序号	项目内容	相关数据	备注
1	开关量输入点数需求		
2	模拟量输入需求 (4~20mA 或 0~5V、0~10V 等)		按如下计算方法估算： 输入开关量点数 ×10 输出开关量点数 ×5 每个定时器或计数器 ×(3~5) 每个运算处理量 ×(5~10) 每个输入或输出模拟量 × (80~100) 每个通信接口 ×200 以上估算容量再预留 50%~100%
3	到翻转机械手的脉冲数		
4	到推料气缸的脉冲数		
5	开关量输出点数需求		
6	采用什么方式通信		
7	模 / 数转换模块的型号		
8	所使用 PLC 的型号		按实际型号填写
9	PLC 的输出形式（传输单元）		按实际型号的技术参数填写
10	PLC 输入端点数（分拣单元）		按实际型号所含点数填写
11	PLC 输出端点数 (翻转单元)		按实际型号所含点数填写
12	PLC 工作电源的电压		按实际使用电压值填写
13	已使用的磁性开关、传感器总数量		按实际使用填写
14	供料站气动回路的电磁换向阀线圈数量		按实际使用填写
15	本气动回路中使用的电磁换向阀工作电压		按实际型号的技术参数填写

注：需要填写数量的写具体数量，没有的写"无"。

任务小结

自动分拣灌装生产线是一条真实的企业灌装线，通过综合编程与调试，进一步熟悉了变频器、触摸屏、PLC 设备在生产实际中的应用。出料、分拣、翻转、灌装、入仓、调速、监控等是生产线中常用的功能模块，每个模块之间互相联系、相互制约。生产线的控制要求不同，所编写的控制程序也是不同的，所以能读懂生产线的控制要求是关键，程序编写是重点，综合调试是难点，把握了这几个方面就能做到举一反三、灵活应用。

▌ 课后练习 ▌

根据自动分拣灌装生产线的动作控制要求，以 A~G 为代号填写"生产线连续循环运行"的动作控制功能图，如图 8-7 所示。

A：按启动按钮

B：恒压灌装

C：推出工件

D：自动分拣工件

E：分拣传送带运行

F：机械手翻转工件

G：阻挡工件

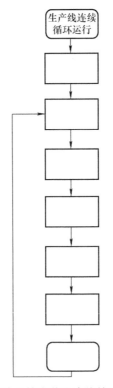

图 8-7　自动分拣灌装生产线的动作功能图

附　录

附录 A　PLC 控制器的 I/O 接线图

1）PLC 主站的 I/O 接线图如图 A-1 所示。

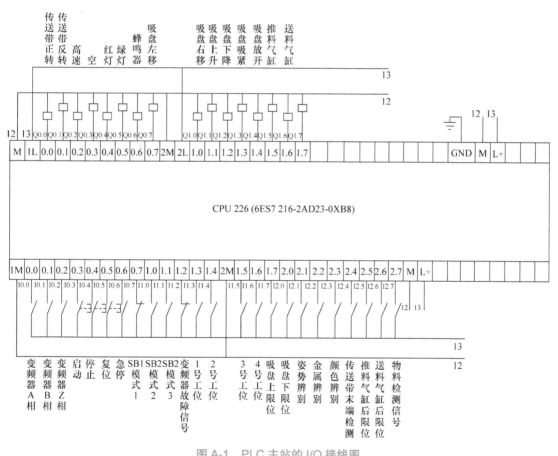

图 A-1　PLC 主站的 I/O 接线图

2）PLC 从站的 I/O 接线图如图 A-2 所示。

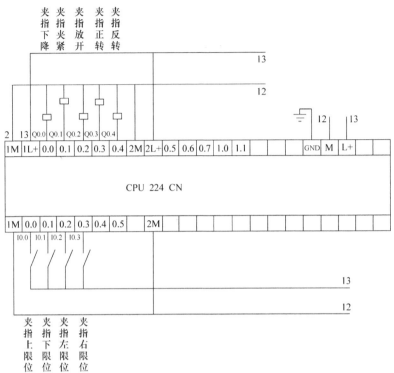

图 A-2　PLC 从站的 I/O 接线图

附录 B　设备主电路

1）主站主电路如图 B-1 所示。

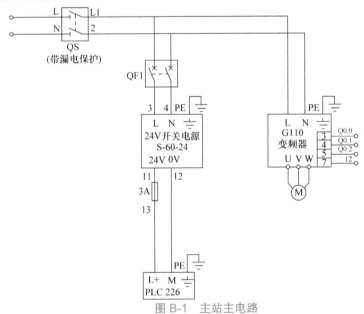

图 B-1　主站主电路

注：除 12、13 及信号线用 0.5mm² 线外，其余线均用 0.75mm² 线，其中相线用红色，中性线用蓝线。

2）从站主电路如图 B-2 所示。

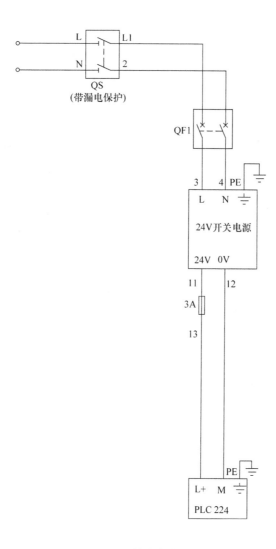

图 B-2　从站主电路

注：除 12、13 及信号线用 0.5mm² 线外，其余线均用 0.75mm² 线，其中相线用红色，中性线用蓝线。

附录 C　端子排分布图

1）主站端子排分布图如图 C-1 所示。

端子排

端子排列顺序：左到右，上到下

530 西门子系统

机台端子排

控制板端子排

翻转模块专用电路板

1	I1.3	14	12
2	I1.4	15	12
3	I1.5	16	12
4	I1.6	17	12
5	I1.7	18	12
6	I2.0	19	12
7	Q1.0	20	13
8	Q1.1	21	13
9	Q1.2	22	13
10	Q1.3	23	13
11	Q1.4	24	13
12	Q1.5	25	13
13		26	-/-

其余走线电路板

1	I0.0	14	Q0.4
2	I0.1	15	Q0.5
3	I0.2	16	Q1.6
4	I2.1	17	
5	I2.2	18	12
6	I2.3	19	12
7	I2.4	20	12
8	I2.5	21	12
9	I2.6	22	13
10	I2.7	23	13
11		24	13
12		25	13
13		26	-/-

1	U
2	V
3	W
4	PE

1	U
2	V
3	W
4	PE
5	12
6	13
7	I0.3
8	I0.4
9	I0.5
10	I0.6
11	I0.7
12	Q0.6
13	SDA
14	SDB
15	RDA
16	RDB
17	SG

图 C-1　主站端子排分布图

2）从站端子排分布图如图 C-2 所示。

端子排

端子排列顺序：左到右，上到下

530 西门子系统

控制板端子排

机械手专用电路板

1	2I0.1	14	12
2	2I0.2	15	12
3	2I0.3	16	12
4	2I0.4	17	12
5	2I0.5	18	12
6	2I0.6	19	12
7	2Q0.0	20	13
8	2Q0.1	21	13
9	2Q0.2	22	13
10	2Q0.3	23	13
11	2Q0.4	24	13
12	2Q0.5	25	13
		26	-/-

1	SDA
2	SDB
3	RDA
4	RDB
5	SG

1	12
2	12
3	13
4	13
5	2I1.0
6	2I1.1
7	2I1.2
8	2I1.3
9	2I1.4
10	SDA
11	SDB
12	RDA
13	RDB
14	SG

图 C-2　从站端子排分布图

附录 D 触摸屏示例展示

触摸屏示例展示如图 D-1 所示。

图 D-1 触摸屏示例展示

附录 E 故障处理对照表

表 E-1 为故障处理对照表。

表 E-1 故障处理对照表

序号	故障现象	可能原因	处理方法
1	通电后，组合灯红灯不亮	1. 没有接通设备电源 2. 没有打开 PLC 电源 3.PLC 没有置于 RUN 状态	1. 接通设备电源 2. 打开 PLC 电源 3. 使 PLC 置于 RUN 状态
2	通电后，组合灯红灯、绿灯交替闪烁	1. 设备机械机构没有在原点状态 2. 设备没有接通气源 3. 两工作站没有同时将单 / 联机开关拨至相同位置	1. 按任意工作站的复位按钮 2. 接通设备气源 3. 将两工作站单 / 联机开关拨至相同位置
3	按下启动按钮，绿灯亮，但不推出工件	推料气缸可调气嘴关闭	打开推料气缸可调气嘴
4	按下启动按钮，绿灯闪烁，但不推出工件	1. 光纤传感器有问题 2. 料筒里面没有工件	1. 调整或更换光纤传感器 2. 向料筒内添加工件
5	1. 传送带不运转 2. 传送带运行速度太快或太慢 3. 传送带间歇性运行	1. 没有接通变频器电源 2. 变频器工作频率不正确 3. 传送带的张紧程度不合适	1. 接通变频器电源 2. 调整变频器工作频率 3. 调整传送带的张紧程度
6	1. 需要翻转工件时挡料杆不伸出 2. 挡料杆伸出太早或太迟	1. 推料杆气缸可调气嘴关闭 2. 推料杆气缸打开不够或太大	1. 打开推料杆气缸可调气嘴 2. 调节可调气嘴或改变变频器的频率以改变传送带速度来配合
7	工件至传送带末端，从站不工作	1. 末端传感器没有调好或损坏 2.PLC 之间通信有问题	1. 调整或更换末端传感器 2. 检查处理好 PLC 通信线
8	搬运机械手分拣工件错误	1. 检查材质、颜色传感器 2. 分拣位置不精确	1. 调整或更换材质、颜色传感器 2. 调整搬运分拣机械手与滑槽的相对位置

附录 F 实操设备现场条件和配置要求

一、工件送料分拣灌装系统

自动送料功能模块、传送带功能模块、自动检测功能模块、挡料功能模块、气动机械手功能模块、电动机械手功能模块、报警功能模块、双容水箱模块、PLC 与变频器控制系统、人机界面 PLC 网络通信系统和气动控制系统等构成了自动分拣与姿势调整工作站。

二、电源控制系统

设备工作电源：AC 380/220V，5A；DC 24V，5A（供 PLC、变频器、电磁换向阀、指示灯等不同电压等级元器件接线使用）。

三、PLC、相关电器元件配置

1）S7-200 系列 PLC 或其他品牌的同等规格的 PLC。

2）伺服驱动器。

3）传送带电动机及驱动装置（可选变频器驱动）。

4）恒压灌装机构由 EM235 模块、变频器和 PLC 组成 PID 控制。灌装系统由储液罐、灌装阀、抽液泵、液位传感器及控制系统等组成。工作过程中，灌装液先抽入储液罐，通过 PLC 液位闭环控制系统控制灌装阀动作，实现灌装量的精确计量。灌装量为 300mm（液位），灌装误差要求小于 ±2mm。

5）传感器（现场设备上提供了各种传感器，如光电式、电容式或电感式等）、编码器（可使用脉冲数量测量传送带移动距离）。

6）元器件使用要求见表 F-1。

表 F-1　元器件使用要求

序号	元器件	数量	功能及用途	备注
1	"急停"按钮	1 个	按动后系统立即停止运行	
2	"原点位置"指示灯（绿色），DC 24V	1 个	当原点条件满足时，灯亮	供料站
3	"停止"指示灯（红色），DC 24V	1 个	当系统停止时，灯亮	供料站
4	"报警"指示灯（红色、绿色），DC 24V	1 个	当圆形工件缺料 10s 后，灯闪烁	供料站
5	接线端子、安全插座、插拔线	1 套	系统连接	可选端子连接或插拔连接

四、压缩空气系统及气动回路元件

压缩空气系统为 0.6MPa 可调气源，现场设备上的气动回路元件包括各种气缸（配磁性开关或行程开关）、气爪、真空发生器、真空吸盘、电磁阀、$\phi 4$ 及 $\phi 6$ 气管、快速接头和安装附件等。

以上各部分在考核设备台架上完成系统集成、连接，按要求实现系统控制。

附录 G 可编程序控制系统设计师（中级）操作技能模拟考核试题

试题名称：工件输送分拣 PLC 控制系统设计

准考证号： 姓名：

考核时间：150min

试题内容：按工程任务要求设计可编程序控制系统

一、概述

设计一条自动装配生产线，用以实现产品分拣过程的自动化。生产线主要由井式送料装置、传送带、水平推杆、龙门机械手以及配套的气动、电气控制系统组成，其结构示意图如图 G-1 所示。

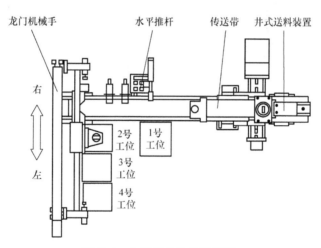

图 G-1 生产线的结构示意图

二、任务描述

1）把工件随意摆放入井式送料装置井内，系统通电，通电后红灯亮，按下"启动"按钮后红灯熄灭，绿灯亮，井式送料装置送出工件，经传送带向左传送。传送过程中，经传感器检测，将开口向下的工件用水平推杆推入 1 号工位，开口向上的工件到达传送带尾部后，由龙门机械手将工件 1（金属，白色）放在 2 号工位，工件 2（金属，黑色）放在 3 号工位，非金属工件放在 4 号工位。工件放入工位后，井式送料装置再送出工件，如此循环，直至无工件，无工件后绿灯闪烁。10s 内放入工件系统继续运行，10s 后放入工件须按"启动"按钮后系统方继续运行。

2）系统不在原点时，按下"复位"按钮，系统复位。

3）按下"停止"按钮，系统处理完当前工件后停止。

三、其他说明

运动机构的原点位置如下：

1）井式送料装置：推料气缸活塞杆内缩。

2）水平推杆：气缸活塞杆内缩。

3）龙门机械手：吸盘位于 1 号工位（传送带上方为 1 号工位，由右至左依次为 1~4 号工位）；垂直运动气缸活塞杆内缩。

4）传送带停止。

说明：传感器的位置不作调整。

四、PLC 的 I/O 分配（见表 G-1）

表 G-1　PLC 的 I/O 分配

龙门机械手主站			
输出地址	符号	输入地址	符号
Q0.0	传送带正转	I0.0	变频器 A 相
Q0.1	传送带反转	I0.1	变频器 B 相
Q0.2	高速	I0.2	变频器 Z 相
Q0.3	空	I0.3	启动按钮
Q0.4	红灯	I0.4	停止按钮
Q0.5	绿灯	I0.5	复位按钮
Q0.6	蜂鸣器	I0.6	急停按钮
Q0.7	吸盘左移	I0.7	模式 1
Q1.0	吸盘右移	I1.0	模式 2
Q1.1	吸盘上升	I1.1	模式 3
Q1.2	吸盘下降	I1.2	变频器故障信号
Q1.3	吸盘吸紧	I1.3	1 号工位
Q1.4	吸盘放开	I1.4	2 号工位
Q1.5	推料气缸	I1.5	3 号工位
Q1.6	送料气缸	I1.6	4 号工位
		I1.7	吸盘上限位
		I2.0	吸盘下限位
		I2.1	姿势辨别
		I2.2	金属辨别
		I2.3	颜色辨别
		I2.4	传送带末端检测
		I2.5	推料气缸后限位
		I2.6	送料气缸后限位
		I2.7	物料检测信号

五、可编程序控制系统设计师（中级）操作技能模拟考核试题评分标准（见表 G-2）

表 G-2　可编程序控制系统设计师（中级）操作技能模拟考核试题评分标准

题目编号				题目名称		物料分拣、分工位	
准考证号				姓　名		技术等级	中　级
考核时间		150min	起止时间	时　分至　时　分		考核日期	月　日
序号	项目	考核内容及要求		配分	评分标准	扣分内容	评分
1	系统设计	程序设计绘制		10分	设计不规范每处扣2分		
		气路设计绘制					
		电路设计绘制					
2	功能	信号指示5分		80分	每错一处扣1分		
		送料10分					
		传送带10分					
		分工位20分			每错一处扣5分		
		复位5分					
		停止5分					
		自动循环5分					
		缺工件再运行20分			每错一处扣5分		
3	系统操作	熟练操作		5分			
4	专业规范	工具使用正确		5分			
		符合规范					
		安全					
5	安全文明生产	符合安全技术操作规程；做到工位整洁，工件、工具摆放整齐			只扣分，最多扣5分		
6	实际用时	规定时间内完成			超时15min扣5分，超时30min不予评分		
统计						得分	
备注							

附录 H 可编程序控制系统设计师（高级）操作技能模拟考核试题

试题名称：工件传送分拣灌装 PLC 控制系统设计

准考证号：　　　　　　　姓名：

考核时间：180min

试题内容：按工程任务要求设计可编程序控制系统

一、工程任务描述

使用现场提供的设备，按下述要求实现 PLC 控制系统对工件送料分拣灌装系统的控制：PLC 主站负责推瓶装置、传送带、水平推杆、四工位龙门机械手以及灌装系统的控制，从站负责翻转机械手的控制。有缺陷的空瓶（白色）由水平推杆推至废品区，合格的空瓶（分黑色、银色两种）经姿态调整工位后瓶口全部朝上，由传送带送至 1 号工位，四工位龙门机械手先将空瓶搬至灌装工位 2 号工位灌装（灌装量为 300mm），灌装完毕后分别将黑色瓶放至 3 号工位，将银色瓶放至 4 号工位。有自动循环运行和手动运行两种模式，全线运行时有原点、缺料、停止、运行和故障指示，手动运行不需要指示灯指示。设备外观如图 H-1 所示。

图 H-1　设备外观

二、系统控制要求

1. 自动循环运行模式

1）自动循环运行启动条件如下：

① 各运动机构处于原点位置。

② 推瓶装置中有空瓶。

2）按下启动按钮时，若满足自动循环运行启动条件，则自动化生产线将按工艺流程对推瓶装置中的空瓶进行灌装。

3）按下停止按钮后，自动化生产线应在处理完已推出空瓶后方可停机。

4）在推瓶装置中装有无瓶报警与延时自动停机功能。延时停机过程中，传送带转入低速节能运行模式，在此期间若放入瓶子则重新进入正常工作流程。

2. 回归原点工作模式

回归原点工作模式主要用于急停或故障停机后的原点状态恢复。按下回归原点启动按钮后所有运动机构自动返回原点位置。

各运动机构的原点位置如下：

1）推瓶装置：推瓶气缸活塞杆内缩。

2）水平推杆：气缸内缩。

3）翻转机械手：垂直升降气缸活塞杆内缩，气动手指水平放置并处于张开状态。

4）龙门机械手：水平气缸位于1号工位，垂直气缸活塞杆内缩。

3. 灌装系统的控制功能

1）实现灌装量的精确计量，灌装量为300mm（液位），灌装误差要求小于 ±2mm。

2）液位低于上限液位时抽液泵才能启动运行。

3）为保证灌装的准确性，要求抽液泵停止工作1s以上方能灌装，灌装结束1s以上方能补液。

4. 安全性要求

1）通电后系统不得自行启动。

2）具有紧急停机功能：

① 紧急停机时所有执行机构应立即停止动作。

② 紧急停机时不得有物件跌落。

③ 紧急停机状态解除后，系统不得自行启动。

3）故障停机时，故障解除或复位后系统不得自行启动。

4）自动循环运行、回归原点运动过程中运动部件不得发生碰撞。

5）系统应在突出位置配备专用的信号指示灯，分别对原点（绿灯闪）、缺料（红灯闪）、停止（红灯亮）、运行（绿灯亮）和故障（蜂鸣器响）状态进行指示。

三、主站 PLC 的 I/O 分配（见表 H-1）

表 H-1　主站 PLC 的 I/O 分配

PLC 输入端子		PLC 输出端子	
I0.0	编码器（A 相）	Q0.0	变频器反转
I0.1	编码器（B 相）	Q0.1	变频器高速
I0.2	编码器（Z 相）	Q0.2	变频器低速
I0.3	急停按钮	Q0.3	停止信号灯
I0.4	停止按钮	Q0.4	运行信号灯
I0.5	启动按钮	Q0.5	报警蜂鸣器
I0.6	复位按钮	Q0.6	滑台左移
I0.7	模式 1	Q0.7	滑台右移

（续）

PLC 输入端子		PLC 输出端子	
I1.0	模式 2	Q1.0	吸盘上升
I1.1	模式 3	Q1.1	吸盘下降
I1.3	1 号工位（左限位）	Q1.2	吸盘吸紧
I1.4	2 号工位	Q1.3	吸盘放开
I1.5	3 号工位	Q1.5	推料气缸
I1.6	4 号工位（右限位）	Q1.6	送料气缸
I1.7	吸盘上限位	Q1.7	灌装阀
I2.0	吸盘下限位		
I2.1	材质辨别		
I2.2	颜色辨别		
I2.3	姿势辨别		
I2.4	传送带末端		
I2.5	推料气缸前限位		
I2.6	送料气缸后限位		
I2.7	工件检测传感器		

四、从站 PLC 的 I/O 分配（见表 H-2）

表 H-2　从站 PLC 的 I/O 分配

PLC 输入端子		PLC 输出端子	
I0.0	翻转机械手上限位	Q0.0	翻转机械手升降
I0.1	翻转机械手下限位	Q0.1	翻转机械手夹紧
I0.2	翻转机械手左限位	Q0.2	翻转机械手松开
I0.3	翻转机械手右限位	Q0.3	翻转机械手反转
		Q0.4	翻转机械手正转

注：除急停按钮外，其他需要用到按钮的用触摸屏里的按钮代替。

五、可编程序控制系统设计师（高级）操作技能模拟考核试题评分标准（见表 H-3）

表 H-3　可编程序控制系统设计师（高级）操作技能模拟考核试题评分标准

准考证号					姓名			
考核时间	180min		起始时间	时　分至　时　分		考核日期		年　月　日
序号	考核内容	项目		配分	评分标准		得分	备注
1	系统设计	① 表1——项目需求配置表 ② 图1——功能图 ③ 表2——PLC 运行状态指示灯		30分	① 表1 共15分，每错一项扣1分 ② 图1 共5分，每错一项扣1分 ③ 表2 共10分			
2	程序设计及调试	编程运行：使用计算机完成编程，程序输送入 PLC 后程序能运行		5分	能正确使用软件进行编程，3分 会清除 PLC，输送程序后 PLC 可运行，2分			
3		系统通电		1分	操作顺序错误扣1分			
4		PLC 运行开关（内置开关）置运行位置（RUN）		1分	操作错误扣1分			
5		正常停机		2分	每站不能实现扣1分			
6		急停		2分	每站不能实现扣1分			
7		要求各单元有全自动和手动运行两种模式，PLC 间能进行通信		4分	不能实现两种模式扣2分，不能通信扣2分			
8		全自动运行时有原点、缺料、停止、运行和故障指示		4分	不能实现指示功能扣4分			
9	供料检测站运行	料仓缺料，本工作站不能动作		1分	无料仍能开机工作扣1分			
10		分拣线仍有工件未取走，本工作站不能工作		1分	不能实现功能扣1分			
11		推料气缸推掉不合格工件		1分	不能阻挡工件扣1分			
12		送料气缸推出工件		1分	不能推出工件扣1分			
13		传送带停止位置准确		2分	不能实现或不准确扣2分			
14		自动化生产线工序完成后，自动推出下一个工件，若缺料，需再次重启		1分	无此功能扣1分			
15		运行过程中，料仓缺料自动停机		1分	无料不能自动停机扣1分			
16		自动回原点		2分	不能实现或不正常扣2分			

（续）

准考证号				姓名			
考核时间	180min		起始时间	时 分至 时 分		考核日期	年 月 日
序号	考核内容	项目	配分	评分标准		得分	备注
17	分拣站运行	能夹起工件	2分	不能实现或不正常扣2分			
18		能把工件翻转	2分	不能实现或不正常扣2分			
19		能连续运行	2分	不能实现或不正常扣2分			
20		自动回原点	2分	不能实现或不正常用扣2分			
21		检测到有工件1s后龙门架启动，工件被分拣	1分	时间错扣1分			
22		龙门架运行定位实现准停	2分	位置不准每处扣2分			
23	恒压灌装单元	① 电感式传感器检测到金属工件，灌装后放到3号工位 ② 光纤传感器检测到白色工件，传送带停止运行，推料气缸将其推到废料盒 ③ 光纤传感器检测到黑色工件，灌装后放到4号工位	3分	每实现一条功能能得1分			
24		恒压灌装系统能正常工作，能灌装对应的工件，灌装时间准确	4分	不能实现或不正常扣2分			
25		利用PLC的EM235模块进行液位调节，使灌装液位保持指定高度	4分	不能实现或不正常扣4分			
26	人机界面	有5个界面	5分	不能实现或不正常扣5分			
27		能连接各个界面	3分	不能实现或不正常扣3分			
28		界面美观合理	2分	不能实现或不正常扣2分			
29	气动系统	全系统气动回路调整	2分	气缸动作速度及系统压力不合要求扣2分			
30	运行管理	正确判断PLC状态指示灯所指示的状态	4分	每错1灯按分值比例扣分			
31	文明安全	文明生产、安全操作	3分	①工具使用不当扣1分 ②不停电接/拆线路、通信电缆每次扣1分 ③操作、调试方法、顺序错误扣1分（最多扣3分）			
32	否定项	违规操作，不听劝告 因操作不当、接线错误使设备通电后发生短路或损坏设备 程序完全错误，系统不能运行					有否定项为不合格
合 计							

参考文献

[1] 廖常初 . S7-200 PLC 编程及应用 [M]. 3 版 . 北京：机械工业出版社，2019.

[2] 阳胜峰，吴志敏 . 西门子 PLC 与变频器、触摸屏综合应用教程 [M] . 2 版 . 北京：中国电力出版社，2013.

[3] 郑长山 . PLC 应用技术图解项目化教程（西门子 S7-300）[M]. 北京：电子工业出版社，2014.